ANTENNA HANDBOOK SERIES

アマチュア無線のアンテナを作る本

［HF/50MHz編］

作りたくなるアンテナがここにある

CQ ham radio編集部 ［編］

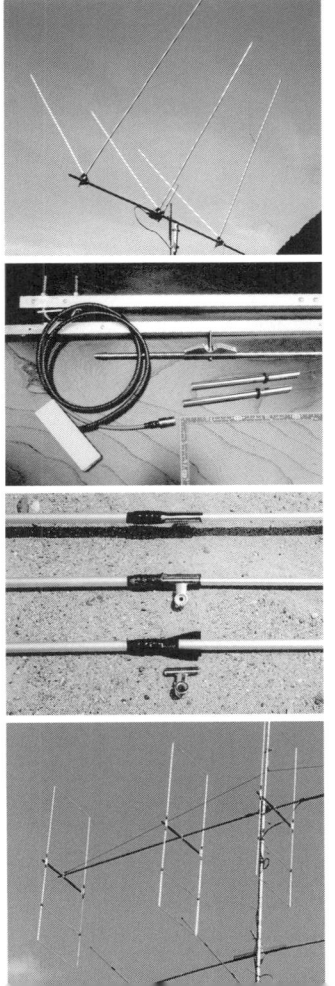

CQ出版社

はじめに

　アマチュア無線という趣味は，とても幅広い実験が許されています．その中でも，自作アンテナの世界は，限りない可能性を秘めている分野です．製作する人，ひとりひとりのアマチュア無線家の皆さんの工夫やアイデアが素晴らしい性能のアンテナを生み出しています．

　本書は，アマチュア無線専門月刊誌『CQ ham radio』に掲載されたアンテナ製作記事のうち，HF/50MHzのものをアンテナ型式ごとに分類してまとめたものです．企画段階で過去のCQ ham radio誌をひも解いていくうちに，1990年代に多くのアンテナ製作記事が取り上げられていること，またこの時代の記事には，使用部材の入手の苦労，製作過程の工夫などが満載であることに気がつきました．ちょうど現在のホームセンターの前進であるDIYショップなどが全国各地に普及していった時期で，これまで入手が難しかった金属パイプやジョイントなどが手軽に買い求められるようになったことも，自作アンテナの普及に一役買ったものと推察されます．とはいっても，長尺で肉厚のあるアルミ・パイプなどはまだまだ入手困難で記事の中には，アルミ・パイプを小売りしてくれる販売店の記述が見られます．そのような中でも，当時のアマチュア無線家の皆さんのアンテナ製作への情熱は記事からあふれ出すように伝わってきます．

　今日では全国各地にホームセンターが軒を並べ，中にはショッピング・モールに併設される超巨大店も出現しています．そこでは，1990年代には個人が1個単位で買い求めることは不可能であった素材や部品なども販売されており，アンテナの自作は，はるかに容易な時代であるはずなのに，逆に現在ではあまりアンテナの自作はされなくなったようにも感じています．

　そのような思いから，素材，組み立てに応用できる部品があふれている現在の環境を大いに利用して，もっとたくさんの人にアマチュア無線用アンテナを作ってもらうことを目指して本書を上梓しました．さぁ，工夫しながら楽しんでアンテナを作りましょう．

　本書の発行にあたり，過去にCQ ham radio誌に掲載された記事の再録をご承諾いただきました皆様に厚く御礼を申しあげます．

2013年2月

CQ ham radio編集部

Contents

もくじ

はじめに 2

1章 ダイポール系アンテナ編 7

1-1 基本はダイポール・アンテナ 7
7MHzバンドのアンテナを考える
(1997.10) 7L1FPU 中田 国芳
- ダイポール，バーチカル・アンテナの特徴 7
- 代表的な水平アンテナ 8
- 代表的な垂直系アンテナ 9
- アパマン・ハムに最適 ツェップ型アンテナ 10

1-2 21MHz用ダイポール・アンテナの実験 11
ワイヤで簡単に作れる
(1995.5) 7L1FPU 中田 国芳
- 基本構想と材料について 11
- 製作と調整 13

1-3 7MHz用ダイポール・アンテナの製作 15
コンパクトな仕上がり
(1994.7) JF1ITL 馬場 正

1-4 コンパクト・ダイポール・アンテナ 17
HF（10～28MHz）用
(1995.6) JF1ITL 馬場 正

1-5 アパマン用V型ダイポールの実験 20
市販モービル・ホイップを活用 3.5～144MHz対応
(1994.3) JS2ODL 田中 恒雄

1-6 7～28MHzコンパクトV型ダイポール 22
チューナ内蔵
(1994.7) JA3NEP 小曽根 真三
- 全体の構成 22
- 調整とまとめ 24

1-7 21MHz短縮ダイポール・アンテナを作ってみよう 25
超短縮全長3m
(1997.9) CQ ham radio 編集部
- 条件を考える 25
- 材料と下準備 26
- まとめ 28

1-8 21MHz短縮ロータリ・ダイポール・アンテナ 30
ロッド・アンテナ＋マッチング回路
(1997.9) JA1XRQ 高山 繁一

1-9 50MHzダイポール・アンテナ 31
移動運用のための
(1998.12) JA3PYH 岡田 邦夫

1-10 1.9MHzウルトラ短縮アンテナ 33
ローバンドにチャレンジ
(1994.5) JA3NEP 小曽根 真三

1-11 7MHzフルサイズ・ロータリ・ダイポール 36
エレメントのたわみ軽減に挑戦
(1997.9) JR2TER 山下 忠史
- 予備実験の材料と選択 36
- 組み立てと調整 38

2章 ループ系アンテナ編 ... 39

2-1 アンテナ・チューナをうまく活用して 21MHz ループ・アンテナ ... 39
(1997.9) 7N2UUA 矢口 昌秀

2-2 TVアンテナのステー線を利用 21MHz 1λ ループ・アンテナ ... 40
(1995.6) JA1TKA 小谷 武福
- 製作するアンテナの特徴 ... 40
- 材 料 ... 42
- アンテナ・エレメントの製作と調整 ... 42
- 給電部の製作 ... 42
- 調整と運用結果 ... 43
- 50MHzエレメントの追加方法 ... 43
- 参 考 ... 44
- 発展編 〜後日談〜 ... 44

2-3 安価に作れてよく飛ぶ 21MHzクワガタ・アンテナの製作 ... 45
(1995.11) JA1TKA 小谷 武福
- 「クワガタ」の名前の由来 ... 45
- このアンテナの特徴 ... 46
- おもな材料 ... 46
- 製 作 ... 46
- 建 設 ... 48
- マルチバンド化への発展 ... 48
- あとがき ... 49

2-4 50MHz用 3A(スリー・アロー)デルタ・アンテナの製作 ... 49
(1994.7) JH3IIP 山口 隆彰
- 3Aデルタ・アンテナとは ... 49
- 50MHz 3Aデルタの製作 ... 49

2-5 簡単アンテナ製作ヘンテナを作ってみよう 29MHzワイヤ型ヘンテナ ... 51
(2000.9) JG1FPO 青木 稔
- 製 作 ... 51
- 調 整 ... 52

2-6 ホームセンターの材料だけで作った 50MHz用ヘンテナ ... 52
(1998.1) JJ3NTI 悦 博志

2-7 回転半径わずか1.4mでも飛びは本格的 21MHz 2エレ・ヘンテナの製作 ... 54
(1995.10) JA1NFD 斎藤 成一
- 使用材料 ... 54
- 製 作 ... 55
- 調 整 ... 56
- 使用感 ... 58

2-8 アンテナ解析ソフトMMPC WINで設計ゲイン11dBを超えた 50MHz 5エレ・ヘンテナの製作と実験 ... 58
(1998.3) JH4ADV 諏訪 孝志
- 製 作 ... 58
- 組み上げ・調整 ... 60
- 作り終えて ... 61

2-9 組み立て簡単移動運用仕様 14MHz 2エレ・デルタループの製作 ... 62
(1999.9) 7L3LVX 大森 雄
- 構造設計 ... 62
- 性能と実績 ... 63

2-10 高ゲインを得られる 50MHzデルタループ・アンテナ ... 64
(1998.12) JH4ISQ 久保 政勝
- 材 料 ... 64
- 製 作 ... 64
- 調 整 ... 65
- 使用感 ... 67
- おわりに ... 67

2-11 50MHz 4エレメント・デルタループ・アンテナ …… 67
市販材料で作る
（1995.11） JR3EOI 岡本 康嗣
- 材料 …… 67
- エレメント・ホルダ …… 68
- 電気的設計 …… 69
- 調整 …… 70

2-12 3.5/3.8MHz 短縮2エレ・クワッド …… 71
メーカー製改造
（1996.7） JA0GSB 山田 幸己
- 5BAND DXCCをクワッド・アンテナのみで完成させたい …… 71
- エレメントの短縮について …… 72
- ループの製作 …… 73
- 組み立て …… 74
- マッチング …… 75
- 調整 …… 75
- 3.5と3.8MHzの切り替え …… 75
- 運用してみて …… 75
- おわりに …… 76

2-13 50MHzスパイラル・リング・アンテナの製作 …… 77
水平偏波に応用
（1999.10） JA3UHW/1 池邨 治夫
- 製作 …… 77
- 使用結果 …… 78

3章 八木系アンテナ編 …… 79

3-1 軽量14MHz 3エレZLスペシャル …… 79
釣竿＋300ΩTVフィーダで作る
（1998.1） JH5ADG 中西 純二
- 材料 …… 79
- 製作 …… 79
- エレメントの工作 …… 80
- 使用感 …… 80

3-2 21MHz 2エレ八木 移動スペシャル …… 81
組み立て・解体がわずか3分
（1995.12） 7L3LVX 大森 雄
- 材料 …… 81
- 組み立てやすさのポイント …… 81
- 性能と汎用性 …… 82

3-3 シンプル50MHz 2エレ八木 …… 83
ロッド・アンテナ使用
（1995.6） 7L2PXZ 秋葉 正史
- 1.6m長ロッド・アンテナがスタート …… 83
- 基本と動作 …… 83
- パーツと組み立て …… 83
- ダイポールからの実験 …… 84
- 最後に …… 86

3-4 50MHz 3エレHB9CV …… 86
山岳移動に便利
（1996.5） JP1BQA 宮田 豊秋

3-5 18MHz広帯域50Ω直接給電八木アンテナの製作 …… 88
釣竿＆コンピュータにより最適化
（2000.4） JG1XLV 荒井 淳一
- 釣竿アンテナとアンテナ解析プログラムの活用 …… 89
- マイブーム！"釣竿アンテナ" …… 89
- 50Ω直接給電広帯域4エレ八木アンテナの製作 …… 91
- 今後のテーマと次なるステップ …… 93
- 最後に …… 94

3-6 FM放送用アンテナで作る50MHz八木アンテナ …… 95
身近な材料で作るアンテナ
（1998.1） JF1OZL 砂村 和弘

3-7 50MHz 5エレメント八木アンテナの製作 …… 96
移動運用に最適
（2000.6） JG2TSL 片桐 秀夫
- 構造 …… 96
- 設計 …… 96
- 製作 …… 96
- SWRの調整 …… 98
- シミュレーション結果と比較測定 …… 99
- 使用結果 …… 99

Column　M型コネクタのはんだ付け［前編］ 100

4章　ユニークな形式のアンテナ編 101

4-1　アンテナ・チューナ活用アパマン・アンテナ
7MHzヘリカル・アンテナ 101
（1997.9）　7N2UUA　矢口 昌秀

4-2　ベランダ用
7MHz短縮ホイップ・アンテナ 102
（1995.6）　JA3HBH　西野 正雄
構　造 .... 102　　製作と調整 103

4-3　アストラルプレーン・アンテナ
21MHzユニーク・アンテナ 105
（1994.6）　JA1OGT　大原 省一
各部品の製作 .... 105　　調整手順 107
組み立て手順 .... 106　　他バンドへの応用 107

4-4　アルミ・パイプとアルミ板で作る
29MHzアストラルプレーン・アンテナ 108
（1999.11）　JO1UVK　松浦 忠影

4-5　同軸ケーブルを利用した
50MHzスリーブ・アンテナ 109
（1998.12）　JA3PYH　岡田 邦夫

4-6　雷なんかこわくない 打ち上げ角も小さなアンテナ
10MHz用エンドフェッド8JKアンテナの製作 111
（1997.5）　JO1OSN　岡田 壽之
構　造 .... 111　　製　作 112

4-7　実際の運用でも活躍中
1.9/3.5MHz用短縮バーチカル・アンテナの製作 114
（2000.8）　JQ1SYQ　西野 正雄
支柱をどうするか .... 114　　調　整 116
アース工事 .... 114　　運用結果 117
アンテナの製作 115

Column　M型コネクタのはんだ付け［後編］ 118

索　引 119

本書の構成について

　本書は，アマチュア無線専門誌・月刊『CQ ham radio』に掲載されたアンテナ製作記事のうち，HF/50MHzのものをアンテナ型式別にまとめたものです．掲載当時の記述を再録する形をとっていますので，部材の価格や材料，素材・材料の表記などは記事掲載時点のものとなっています．また，測定器など各種機器につきましても記事掲載時点の製品となりますので，この点ご了承ください．
　各記事のCQ ham radio誌への掲載号につきましては，記事タイトルと目次の中に（　）で記述しています．

CQ ham radio編集部

Chapter 1 ダイポール系アンテナ編

電波の飛びの良しあしは，アンテナによって決まるともいわれます．ここでは，HF帯でポピュラーな7MHzダイポール・アンテナやグラウンド・プレーン・アンテナの特徴や設置例について紹介した後，ダイポール・アンテナの製作実例を紹介します．

1-1 7MHzバンドのアンテナを考える
基本はダイポール・アンテナ
（1997.10）

7L1FPU　中田 国芳

ダイポール，バーチカル・アンテナの特徴

おおまかに考えるとアンテナは平衡系と不平衡系の二つに分けられ，前者は水平系，後者は垂直系とも呼ばれます．たとえば，ダイポール，V型ダイポールは平衡系アンテナです．また，バーチカルやグラウンド・プレーンは不平衡系アンテナです．

● ダイポール・アンテナ

平衡系の代表的なアンテナであるダイポール・アンテナ（以下，ダイポールと略す）は，図1-1-1のように片側1/4波長（7MHzでは各約10m）の長さのエレメントが給電部で左右対称になっています．宇宙空間のように周りになにも障害物のない状態（自由空間という）に，このダイポールを置いたときの放射パターンを図1-1-2に示します．

ダイポールの線の方向（z軸方向）にはまったく電波が出ず，正面方向（x軸方向）には電波がよく出ます．

今から電波を光になぞらえてもう一度考えてみましょう．図1-1-2のダイポールの代わりに光る棒，たとえば蛍光灯を置いたとします．この蛍光灯はどの方向から見るとまぶしくないでしょうか？ z軸方向からは，蛍光灯がほとんど見えないので，まぶしくないでしょう．これがアンテナならば，その方向へ電波が出ないことになります．

では，どの方向がいちばんまぶしく見えるでしょうか？ そうです．蛍光灯がいちばん長く見える正面方向（xy平面上）ですね．要するにダイポールが長く見える方向によく電波が出るということが蛍光灯をイメージすることでわかると思います．

● グラウンド・プレーン・アンテナ
　バーチカル・アンテナ

さて，ダイポールを図1-1-3のように半分に切り，

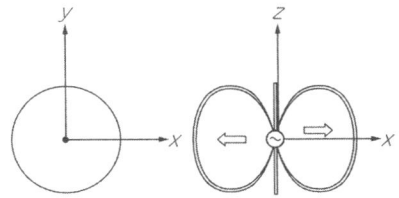

図1-1-1　ダイポール・アンテナの構造

図1-1-2　ダイポール・アンテナの放射パターン

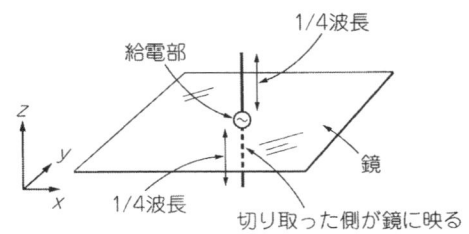

図1-1-3 ダイポールを半分に切り，切り口に鏡を置くと…

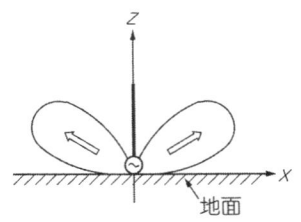

図1-1-4 グラウンド・プレーン・アンテナの放射パターン

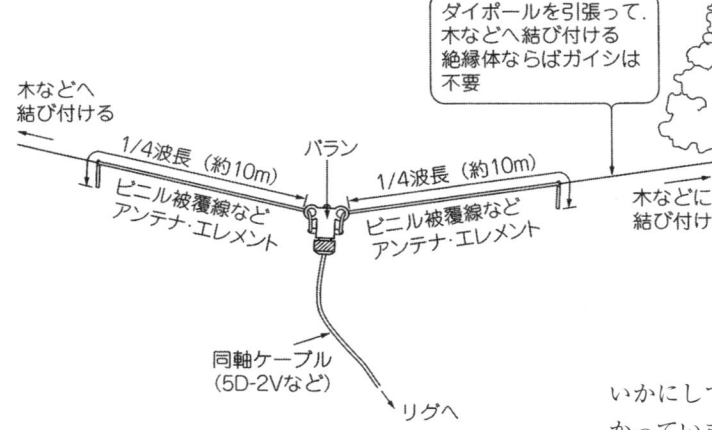

図1-1-5 ダイポール・アンテナの展開例

切り口に"鏡"を置くと，切り取ってしまったダイポールの半分は鏡に映り，ちゃんとしたダイポールがあるように見えます．これが代表的な不平衡系アンテナ，グラウンド・プレーン・アンテナ（以下，GPと略す）の原理です．

電波の世界では，鏡の代わりに導体板を使います．導体板が鏡の代わりをするのです．しかし，実際に大きな導体板を置くのは物理的にむずかしいので，導体板の"鏡"の代わりに1/4波長の長さのラジアルを数本付けたものがGPです．

また，導体板の代わりに地面を"鏡"とみなして設置するものがバーチカル・アンテナ（以下，バーチカルと略す）です．両方とも放射パターンは似たようなもので，図1-1-4のようになります．

不平衡系アンテナの性能をフルに引き出すのは，いかにして完全な"鏡"を作ることができるかにかかっています．つまりラジアルや接地状態がミソです．

もし，ラジアルや接地を不完全な状態にしてしまうと"鏡"が"くもりガラス"のようになってしまい，鏡に映るはずのダイポールの片側がよく見えなくなり，アンテナの性能が悪くなってしまうからです．

代表的な水平系アンテナ

● ダイポール・アンテナ

ダイポールは最も基本的なアンテナです．通常，このアンテナは図1-1-5のように設置します．不平衡系である同軸ケーブルで給電するには，不平衡から平衡へ変換する"バラン"を使います．このバランは絶対に忘れないようにしましょう．忘れるとインターフェアの原因になってしまいます．

放射パターンは，アンテナを設置した高さや，その土壌によって変わるので，なんともいえません．しかし，目安として，地面が導体板でできていて，周りになにも障害物のない状態を想定したときの放射パターンを図1-1-6に示します．

また，私の経験では給電点の高さを10〜15mくらいにした場合，1エリアや0エリアなどでは電波の飛びは国内向けに良好であり，10Wでも楽しめます．

実際にダイポールを製作するには，以下のような材料が必要になります．

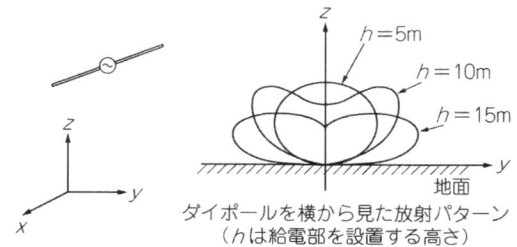

図1-1-6 ダイポールの放射パターン

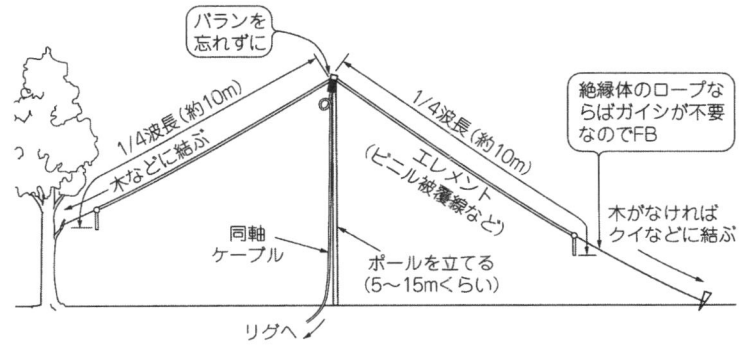

図1-1-7 逆Vアンテナの展開例

写真1-1-1 市販の短縮V型ダイポールの例

- バラン
- エレメント（直径1mm程度のビニル被覆線で十分）
- エレメント端から木などに設置するためのロープなど（絶縁ケーブルがFB）
- 同軸ケーブル

　設置する場所は，25mほど離れて2本の立木があり，周りに障害物がないような所がベストです．できれば電離層（空）から直接見えるような障害物のない所を選びましょう．屋根の軒下に設置するようなことはお勧めできません．

　まずは，アンテナ・エレメントとしてビニル被覆線2本を$1/4\lambda + a$ = 約11mの長さに切りバランにつなぎます．バランには同軸ケーブルをつなぎ，VSWR計を通して無線機につなぐか，アンテナ・アナライザなどへ接続します．

　エレメントの両端に絶縁ケーブルを結び，図1-1-5のように立木などへ固定します．まずはアンテナのVSWRを測ってみましょう．

　エレメントを長めにしてあるので，低い周波数で共振していることでしょう．その後，一度アンテナを降ろし，エレメントを10cmくらいずつ切り，もう一度設置してVSWRを測ります．エレメントは左右同じ長さになるように注意して切ることが大切です．

　このようなことを繰り返しながら調整していきます．

● 逆Vアンテナ

　図1-1-7のようにダイポールの給電部を1本のポールで支えて，両側のエレメントをVの字を逆さまにしたように斜めにおろして設置すると，エレメントに強い張力がかからず，ポールも1本で済むので，設置が簡単になります．このアンテナを逆Vアンテナと呼びます．

● V型ダイポール

　写真1-1-1は市販アンテナで，大きさや価格の割りにはよく飛ぶアンテナだと思います．フルサイズの逆Vアンテナが庭に張れないような都会の一戸建て住宅地に適しています．

　2階建ての屋根の上3mくらいの所（約10m）に設置すると国内通信に適します．フルサイズのアンテナに比べるとV型ダイポールは短縮されているので，多少飛びが悪くなります．しかし，フルサイズ逆Vを張る場所がない場合にはよい選択肢でしょう．

代表的な垂直系アンテナ

● バーチカル・アンテナ

　バーチカルは，前節で説明したとおり，地面を"鏡"とみたてて設置します．しかし，実際には直接アンテナを地面にさしただけでは十分な接地が得られない場合が多く，"くもりガラス"状態になってしまいます．

　おそらく直接地面にさした状態でアンテナが効率的に動作するのは，砂浜の波打ち際や水田などの限られた場合のみだと思います．より良い条件の"鏡"を作るためには，図1-1-8のように1/4波長のラジアルを数本地面よりも数十cmの高さに放射状に張ります．

　ビルの屋上などへ設置する場合，1/4波長のラジアルが屋上に張れないときは，図1-1-9のようにビルの壁から下へ垂らすとよいでしょう．

● グラウンド・プレーン・アンテナ

　GPはバーチカルとラジアルがセットになっているものと考えることにより，基本的には接地をする必要がありません．近くに障害物がある場合でも，障害物よりもラジアルが高い位置にきていればさほど

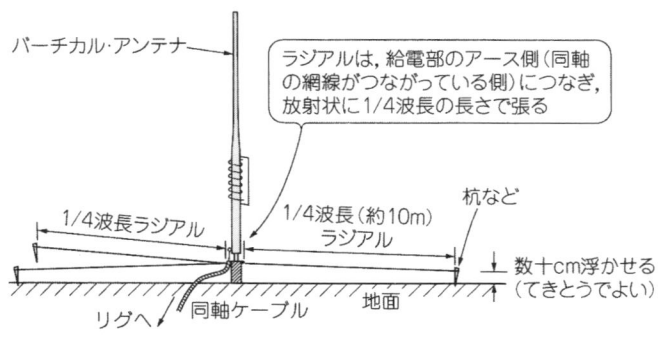

図1-1-8 バーチカル・アンテナのラジアル設置方法

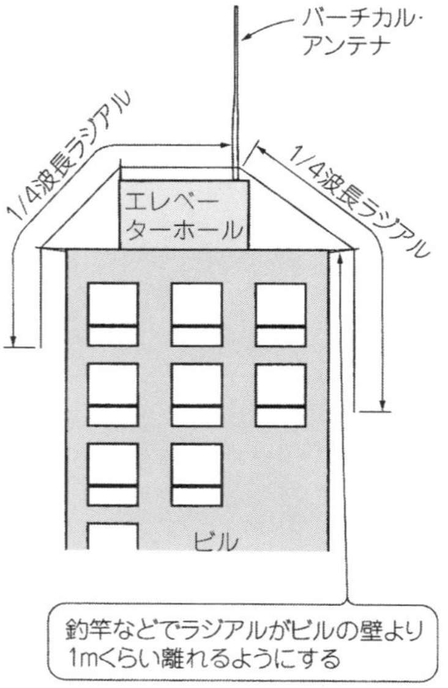

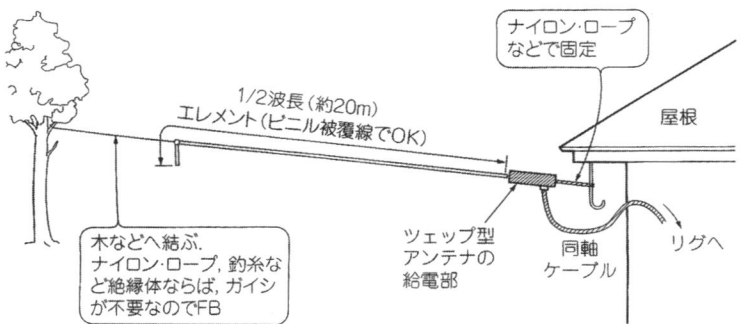

図1-1-10 ツェップ・アンテナの設置例

図1-1-9 バーチカル・アンテナのビルへの設置例

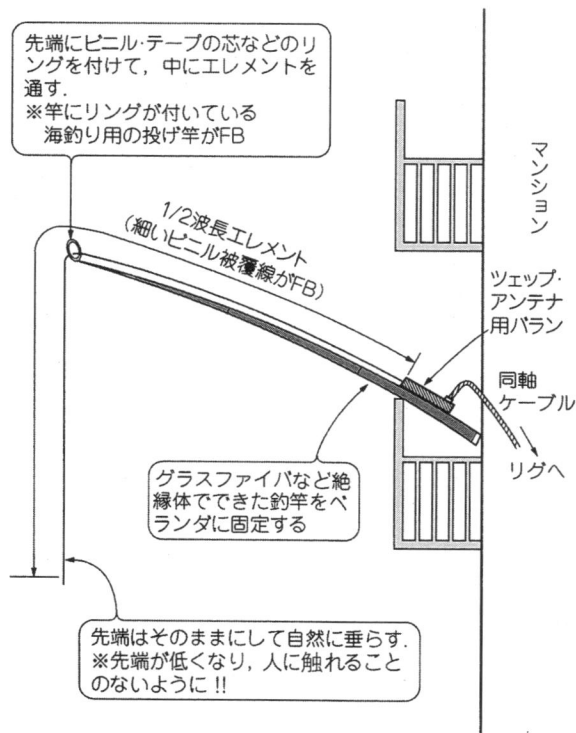

図1-1-11 アパマン・ハム向けゲリラ型ツェップ・アンテナの設置例

問題はないようです.

しかし,短縮型のGPは,あまり効率的に飛ばない傾向にあります.

通常,アンテナはフルサイズに近づくほど,電波が効率良く飛びます.多少の飛びを犠牲にしたコンパクトなアンテナを選ぶか,大きいサイズのよく飛ぶアンテナを選ぶかは,皆さんの設置環境を考慮したうえで決定することになります.

アパマン・ハムに最適 ツェップ型アンテナ

ツェップ型アンテナの特性は,ダイポールとほとんど同じです.違うところは給電方法で,このアンテナはエレメントの端で給電します.このアンテナの利点は,ダイポールのように同軸ケーブルの重さがエレメントにかからないことです.

このツェップ型アンテナは,サガ電子などから販売されています.図1-1-10に通常の設置例を示します.ダイポールのように片側を立木などに固定するようになります.

しかし,発想の転換をして図1-1-11のように設置すると,高層階に住むアパマン・ハムに最適になるでしょう.

このアンテナを設置するためには，以下のような材料が必要になります．

- ツェップ・アンテナの給電部（この例では，サガ電子製のZA-7K）
- グラスファイバの釣竿など（先端にリングがついているものが好ましい）
- アンテナ・エレメント（細いビニル被覆線ならば目立たなくてFB）
- 同軸ケーブル

アンテナ・エレメントは下へ垂らすだけですのであまり張力がかからないので，細い電線で十分です．

グラスファイバ製の釣竿は，鮎釣り用の長いもの，または海釣り用の投げ竿で，釣り糸を通すガイド・ループがあるのでFBです．

リールを付ける位置にツェップ型アンテナの給電部を取り付け，ビニル被覆線をガイド・ループを通してエレメントを下へ垂らすという方法もあります．

アンテナ・エレメントの長さは，通常屋外で展張して使用するときと比べて2％ほど長くなります（ビルの壁から4mほど離して8階のベランダから垂らした状態）．この方法で，給電部15m高の逆Vアンテナと同等の飛び具合でした．

1-2 ワイヤで簡単に作れる 21MHz用ダイポール・アンテナの実験
（1995.5）　　　　　　　　　7L1FPU　中田 国芳

基本構想と材料について

簡単に作ることができて，すぐに21MHzにQRVすることができるワイヤ・アンテナを紹介します．材料はホームセンターで入手可能なもので予算は1,000円程度です．

● 基本は½波長ダイポール

ワイヤ・アンテナとは，電波を放射する部分（以下，アンテナ・エレメントという）がワイヤでできているアンテナのことで，線条アンテナともいわれます．

ワイヤ・アンテナは，図1-2-1に示すように何種類もありますが，その基本となるものは，図1-2-2に示すダイポール・アンテナです．

これらワイヤ・アンテナは，ワイヤの長さがとても大切で，ワイヤの長さ調整が命です．

ダイポール・アンテナは，給電部から長さが¼波長のワイヤを2本張ります．左右合わせて½波長です．

21MHzの波長は14mくらいですから，3.5m長のワイヤを2本張ればよいことがわかります．波長の求め方は表1-2-1を参照してください．

給電部は，同軸ケーブルの先端とワイヤ・アンテナがつながるところです．給電部に写真1-2-1のようなバランを使うとよりFBですが，ここでは使わずにすませることにします．

それでは，実際にダイポール・アンテナを作って

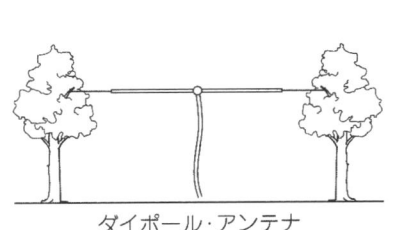
ダイポール・アンテナ

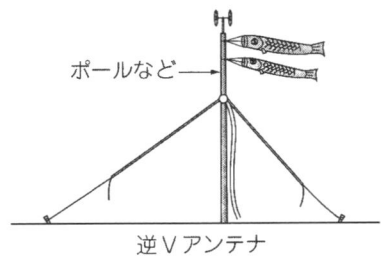
逆Vアンテナ

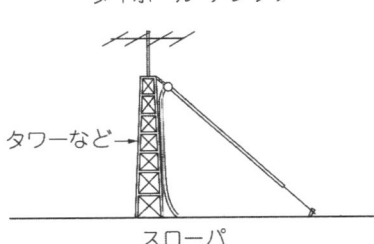
スローパ

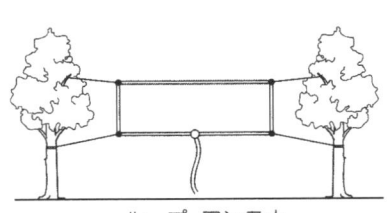
ループ・アンテナ

図1-2-1
ワイヤ・アンテナの種類

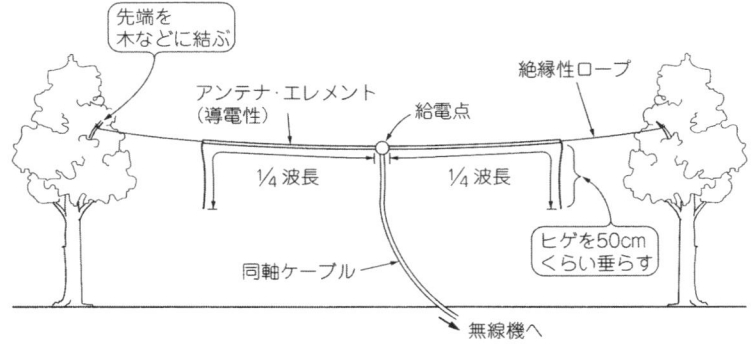

図1-2-2 ダイポール・アンテナ

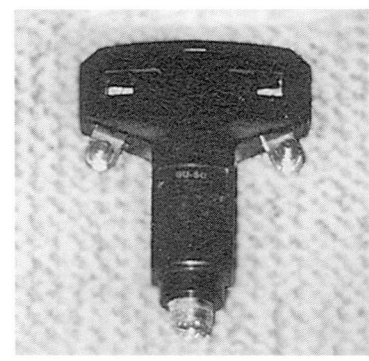

写真1-2-1 給電部に使うバランの例
同軸ケーブルとエレメントを電気的に接続する役目がある

表1-2-1 波長の求め方

波長〔m〕＝300÷周波数〔MHz〕

使いたい周波数を〔MHz〕にして300から割ると波長がメートルで求まります．
たとえば，21MHz帯では，

周波数〔MHz〕	波長〔m〕	¼波長〔m〕
21.000	14.29	3.57
21.100	14.22	3.55
21.200	14.15	3.54
21.300	14.08	3.52
21.400	14.02	3.50

みましょう．

● **材料費1,000円 ダイポールを作ってみよう**

まずは，ワイヤ・アンテナの基本として，図1-2-2のようなダイポール・アンテナを作ります．

写真1-2-2は必要な材料です．これらは，お近くのハムショップやホームセンターですべて手に入ると思います．予算は1,000円で十分です．

同軸ケーブルは430MHz帯のように太い必要はありません．ダイポール・アンテナの給電部から同軸ケーブルがぶら下がるので，同軸ケーブルは細くて軽いほうが都合よいのです．

具体的には，3D-2Vか5D-2V程度がよいでしょう．5D-2Vの同軸ケーブルは，両側にコネクタのついているものが安く売られていますから，コネクタのはんだ付けが苦手な方にはお勧めです．移動運用などで使うのであれば，3D-2Vのほうが軽くてFBですし，出力50W程度ならば，この太さでも十分です．

アンテナ・エレメントとなるワイヤはビニル被覆線を4m程度2本用意します．写真1-2-3のように安いACコードを用意して，2本に裂けばよいでしょう．高

写真1-2-2 ワイヤ・アンテナを作るのに必要な材料
- 同軸ケーブル（3D-2Vまたは5D-2V）10mくらい（各自の環境に合わせる）
- M型コネクタ 1個
- ビニル被覆線（ACコードなど）4mくらい2本（AC平行コードなら1本）
- 絶縁ロープ（物干しロープなど）5mくらい（各自の環境に合わせる）
- 絶縁性リング（ビニル・テープの芯など）1個・ビニル・テープ

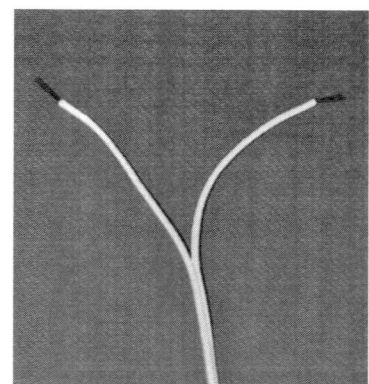

写真1-2-3 アンテナ・エレメントは，安めのACコードでOK．写真のように引き裂けば，経済的

1章　ダイポール系アンテナ編

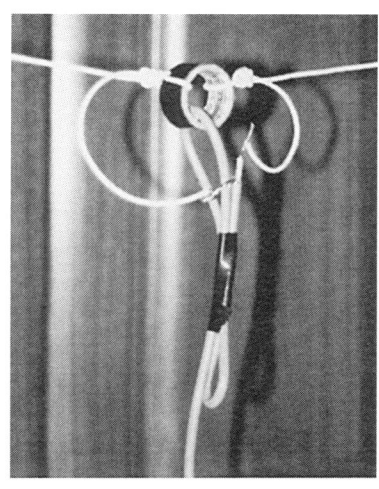

写真1-2-4 給電部の製作
アンテナ・エレメントの一方を同軸ケーブルの芯線(右側)、他方に同軸ケーブルの編組線(左側)を接続する．接続部に力が加わらないように、うまく同軸ケーブルとアンテナ・エレメントをビニル・テープの芯に固定する

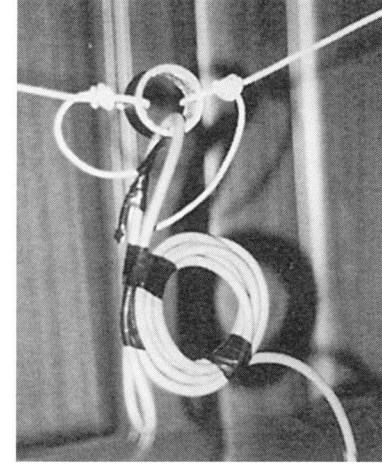

写真1-2-5 簡易バラン
同軸ケーブルを5～10回程度写真のように巻くだけで，簡易的なバランとして動作する．給電部が重くなるので3D-2Vのような細い同軸ケーブルがFB

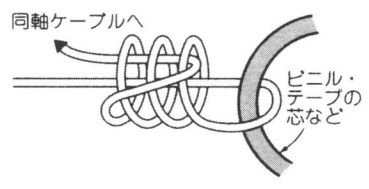

図1-2-3 給電部でのアンテナ・エレメントの結び方

いものを買ってしまうと裂けにくいので要注意です．

アンテナ・エレメントを張るための絶縁ロープは，物干しロープやビニルひもなどを用意してください．絶縁性リングは，給電部に力が加わらないようにするために使うもので，プラスチック製のリングやビニル・テープの芯など電気の通らないものを選びましょう．また，できればアンテナを調整するためにSWR計があると便利です．

製作と調整

●アンテナの製作

まずはじめに，設計周波数を21.200MHzにしたとして，2本のアンテナ・エレメントの長さを3.85mに切ります．計算上より30cmほど長いですが，これは給電部とエレメント端での結び部分の余裕のためです．

さて，給電部を作りましょう．給電部は2本のアンテナ・エレメントと同軸ケーブルが引っ張り合うので，**写真1-2-4**のようにビニル・テープの芯などをうまく使って，給電部(同軸ケーブルとエレメントの結合部)に直接力がかからないようにします．アンテナ・エレメントの結び方は，**図1-2-3**を参照してください．

2本のエレメントは，直接触れないようになるべく離れるようにしながら，同軸ケーブルの芯線と一方のエレメントへ，編組線を他方のエレメントに接続します．

接続法ははんだ付けでも，スリーブを使ったかしめでもOKです．移動運用など一時的な運用ならば，ねじっておくだけでも大丈夫だと思います．

エレメントと同軸ケーブルの接続が終わったらビニル・テープを巻いておけばよいでしょう．これで給電部の製作は終わりです．念のため，同軸ケーブルとアンテナ・エレメントを引っ張って，給電部(接続した部分)に力が加わっていないか試しておきましょう．

次に，**写真1-2-5**のように給電部のすぐ近くの同軸ケーブルを5～10回小さく巻いてビニル・テープで固定します．これは，簡易的なバランとして動作します．

バランとは，同軸ケーブルとアンテナ・エレメントを電気的につなぐ役割をするものです．バランがないとアンテナの動作が不安定になり，電波障害の原因になる場合もあります．**写真1-2-5**のバランは簡易的なものですが，高出力で本格的に運用するのには不安があります．その場合には**写真1-2-1**のような市販のバランを用意したほうがよいかと思います．

アンテナ・エレメント端を**写真1-2-6**のように結び，エレメントが50cm程度垂れ下がるようにしてください．この垂れ下がったエレメントのことを通称"ヒゲ"といいます．アンテナを設置したときに，このヒゲの長さを調整して，周波数調整を行います．エレメントの結び方は図1-2-3を参照してください．

実際にアンテナを設置するときに，エレメントの先にビニルひもなどの絶縁ロープを結び，その先を立木などに結びます．

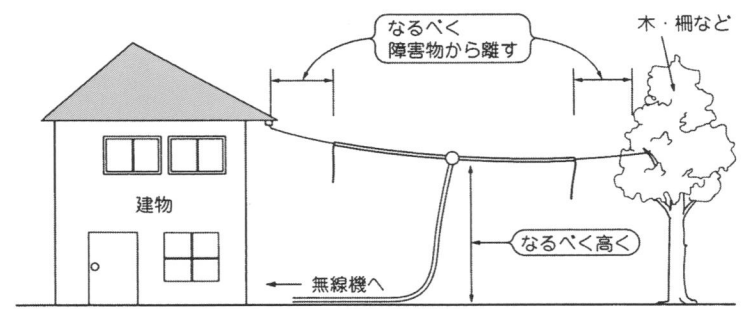

写真1-2-6 アンテナ・エレメント（右上方向から左下方向に張ってきた）端部
下に垂れ下がっている50cm程度のヒゲを作るように，エレメントを結ぶ．エレメント全体が張るように，エレメント端部から絶縁ロープで（左下方向に張り）近くの立木などに結ぶ

図1-2-4 建物の軒下からダイポール・アンテナを張った例

● エレメントの調整と設置法

エレメント長は図1-2-2のように給電部からヒゲの先端までを測ります．この長さが¼波長になるようにヒゲを切って調整します．

エレメント長は，表1-2-1を参照してください．設計周波数を21.200MHzにした場合，エレメント長は3.54mです．これでアンテナの製作は終了です．

では，アンテナを設置しましょう．なるべく周りが開けている場所を探してください．理想的にはダイポール・アンテナが張りやすいように両側に木のようなものが立っているのが理想です．

アンテナを建てるための適当な立木などがない場合，ポールを2本建てることを考えましょう．

家の周りなど障害物が多いところでは，まわりの障害物からアンテナ・エレメントをできるだけ離して設置してください．アンテナ・エレメントから見て，なるべく空が見えるようにするとFBです．

たとえば図1-2-4のように，ダイポール・アンテナを2階建て住宅の軒下から斜めに引き下ろすようにするのもよいでしょう．このようになるべく周りの影響がなさそうな場所をうまく見つけてください．

さて，アンテナが張れたらVSWRを測り，VSWRが最良の周波数を見つけてみましょう．

おそらく設計周波数よりも低くなっていると思います．通常，¼波長で作成したダイポール・アンテナは設計周波数よりも3％程度，21MHzでは500kHz程度周波数が低くなります．したがって，アンテナ・エレメントを切って調整する必要があります．

少しずつエレメントを切ってVSWRを測り，どのくらい周波数が高くなるかをチェックして，またエレメントを切る…ということを繰り返しながらVSWRの低くなる周波数を設計周波数に近づけていってください．

これが俗に言う"カット＆トライ"です．

注意点は左右のエレメントを同じ長さずつ切ることです．目安として左右1cmずつ切ると周波数が60kHz高くなりますが，これはアンテナの設置状態により変わるので，あくまでも目安にとどめて，実際にアンテナを設置した状態でエレメントをカット＆トライするのをお勧めします．

● 逆Vアンテナを建ててみよう

ダイポール・アンテナをうまく設置できない場合，張り方を工夫してみましょう．

たとえば，図1-2-5のようにアンテナを張れば，ポール1本でアンテナが設置できます．

このアンテナは横から見るとエレメントがV字の逆さま（Λ字）になっているので，逆Vアンテナとも呼ばれています．しかし，実は，その正体はダイポール・アンテナと同じです．つまり，ダイポール・アンテナと同じ作りで，設置方法，すなわちアンテナの張り方が違うだけなのです．

この逆Vアンテナはダイポール・アンテナと比べて，

- ポール1本でOK（ダイポール・アンテナは2本のポールが必要）
- 給電点が固定されるので，片側ずつエレメント長の調節ができるので楽（ダイポール・アンテナはアンテナ全体を下ろさないと調整できない）．
- 周りの影響を受けにくい張り方ができる（写真1-2-7）．

という特徴があります．

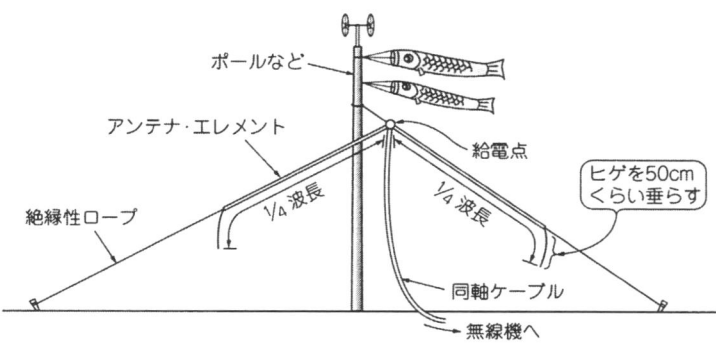

図1-2-5 逆Vアンテナはポール1本で設置できる

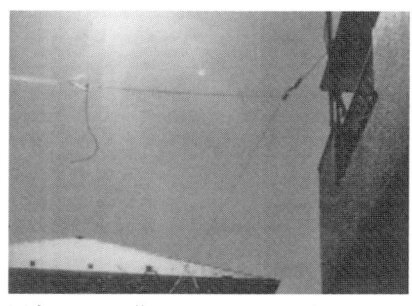

写真1-2-7 逆Vアンテナの設置例
2階軒下から同軸ケーブルで給電点を吊り下げ，アンテナ・エレメントを両側に降ろすように設置する．給電部を建物から離すように張るのがコツ

製作方法は，前述したダイポール・アンテナと変わりませんのでそちらを参照してください．ただし，エレメント長がズレる可能性があります．

つまり，ダイポール・アンテナとして調整したアンテナを，逆Vアンテナとして張り直したときに，VSWRの最低の周波数が低いほうににズレることがあります．大きく周波数がズレる場合は，再度調整します．

● おわりに

ここでは，思いついたらすぐ作れるような簡易的なアンテナとして，バランを使わないダイポール・アンテナと逆Vアンテナを紹介しました．

材料費も安いので，とりあえず21MHzにQRVしてみたいと感じたならば，まずはアンテナを作ってみましょう．思ったよりも簡単に作れると思います．

もし気にいりましたら，次はバランを使用したアンテナにステップアップしましょう．電波障害防止の観点からも，住宅地で常にQRVするならばバランを使用したほうがよいと思います．

アンテナの調整がうまくいかない場合は，逆Vアンテナの給電部付近にアンテナ・チューナを入れると効果的です．ただし，ダイポール・アンテナは給電部がぶらさがる状態なので，アンテナ・チューナをダイポール・アンテナの給電部に設置することは適しません．

1-3 コンパクトな仕上がり
7MHz用ダイポール・アンテナの製作
（1994.7） JF1ITL 馬場 正

アンテナを張るスペースの関係で，私は7MHzの運用を市販のL型GPで行っていました．CW主体の運用なので，この程度のアンテナでも結構楽しめますが，短縮率が大きいため，低いSWRでカバーできる範囲はかなり限られます．

今回コンパクトな寸法で，比較的広い帯域の得られる短縮ダイポール・アンテナを製作しましたので紹介します．

● 概 要

写真1-3-1が今回のアンテナです．このアンテナの大きな特徴は，両端に容量環（ハット）を持っていることです．これを設けた理由は次の二つです．

(1) 短縮率を大きくかせぐ
(2) 最終的な調整を楽に行えるようにする

写真1-3-1 短縮ダイポール・アンテナの外観

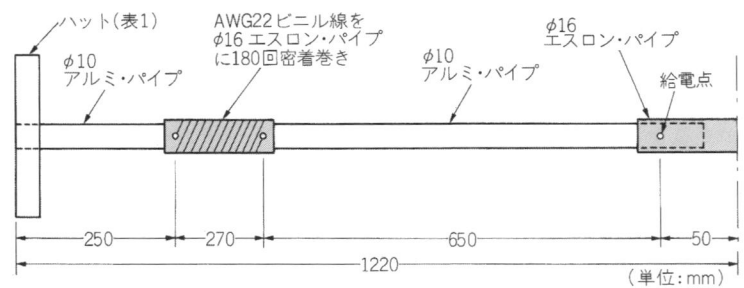

図1-3-1 全体の構造と寸法（片側）

表1-3-1 ハットの形状と共振周波数の変化

タイプ	共振周波数	ハット形状・寸法（側面図）	
A	7.4MHz	アルミ板（10×1.8t）／アルミ・パイプ（10φ）	50cm×1本／50cm×1本
B	7.2MHz	アルミ板（同上）	50cm×2本
C	6.8MHz	アルミ板（同上）／アルミ・パイプ（同上）	50cm×2本／50cm×1本

そこでアンテナの製作時は，共振周波数を希望周波数よりも低めに設定しておき，調整時はペンチやニッパでハットだけを切り詰めて，周波数を高いほうにずらしていく方法とっています．

● 製作

図1-3-1に全体構造と寸法を示します．

表1-3-1は，エレメント長とコイルの巻き数を図1-3-1のままとし，ハットの形状寸法だけを変えたときの，共振周波数の変化を測定した結果です．表1-3-1の数値を見れば，ハットの寸法を変えることで共振周波数をかなり広範囲に調整できることがわかります．

なお，ハットの形状は手持ちの材料の関係で，このようなアルミ・パイプとアルミ板の組み合わせにしました．

今回はタイプCのハットを用い（写真1-3-2），エレメントをはさみ込む形にネジ止めをして固定しています．

また，給電部（写真1-3-3）にはフロート型のバランを入れましたが，5D-2Vなどで直接つないでも問題ないと思います．

特に後者についてですが，アンテナを組み上げた後の調整で，エレメントの長さやコイルの巻き数を変更するのは少々面倒なものです．

写真1-3-2 ハットの形状とローディング・コイル部

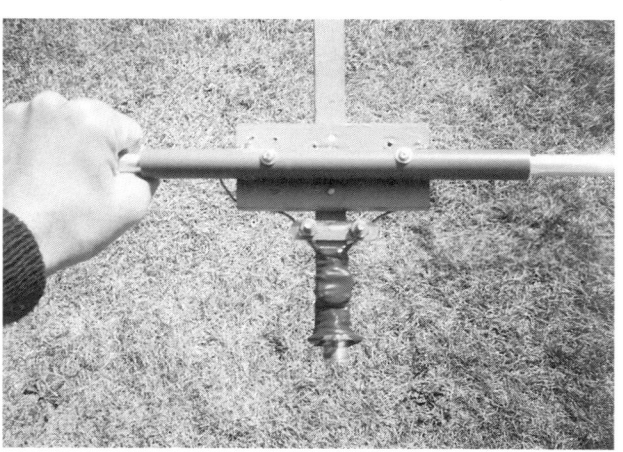

写真1-3-3 給電部（棒状のものにエレメント，自作のバランとコネクタなどを固定）
この棒をマストにUボルトで固定

● 調 整

調整は，共振周波数が目的の周波数に合うようにディップメータで測定しながら，アルミ板の部分をカットしていきます．

5mmのカット（両端の全8カ所）で，約20kHz周波数は高く変化していき，最終的には10cmほど切り詰めました．

ただし，アンテナの共振周波数は周辺状況にかなり影響されますので，調整は実際に設置する位置での変化分を考慮して行う必要があります．私の場合，アンテナを高く上げると周波数は高いほうに100kHzズレました．

ハットを切り詰める前にこの値を確認しておくため，何回かアンテナを上げ下げしましたが，サイズがサイズなだけに作業は楽に行えました．

調整後のSWR特性は図1-3-2のとおりで，SWRが1.5以下の範囲は約40kHzと，今まで使っていたメーカー製のL型GPと比べて4倍の幅となっています．

また，指向性は短縮率とハットの影響で無指向に近く，結局，完全に固定して使うことにしました．

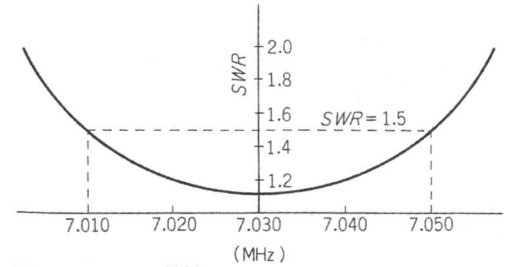

図1-3-2 SWR特性

● 使用実績

アンテナの設置条件は地上高7mで，また屋根に近いこともあり，あまり良いほうではありませんが，コンディションの良いときにはエレメント長を感じさせないくらい安定したQSOがRST599で楽しめます．さすがにQSBやQRNがあるときは捨ててもらえないこともありますが，もっとパワーを上げて使用すれば，国内局相手には十分実用になると思います．

《参考文献》

- JA2AFS 嶋敏男；団地向けの7MHz用ミニアンテナ，CQ ham radio，1972年8月号，CQ出版社．

1-4 HF（10～28MHz）用 コンパクト・ダイポール・アンテナ
（1995.6） JF1ITL 馬場 正

現在HFのコンディションはあまりよくありません．私の場合，もともとDXを追いかけるほどの設備ではないので，このようなコンディションの中でも，近隣の海外局や国内局相手のQSOを楽しんでいます．

敷地の関係で大きなアンテナを上げられないため，L型GPやアルミ・パイプ＋アンテナ・チューナでの運用をしていましたが，今回なんとか寸法的に上げられそうな，28MHzダイポール・アンテナに，コイルとハットを組み合わせて取り付けることで，10MHzまでの各バンドに切り替え方式でQRVできるダイポール・アンテナを製作しました．

ちょっとHFを覗いてみたいが大きなアンテナは上げられない方，また簡単なアンテナ設備でHFの移動運用をしたい方には参考になるものと思います．

● 特 徴

このアンテナは，28MHzはフルサイズのダイポール，24MHzから10MHzの各バンドに対しては短縮型のダイポールとして働きます．全景は写真1-4-1をご覧ください．

写真1-4-1 コンパクト・ダイポールの全景

写真1-4-2 24MHz用ハットの取り付け

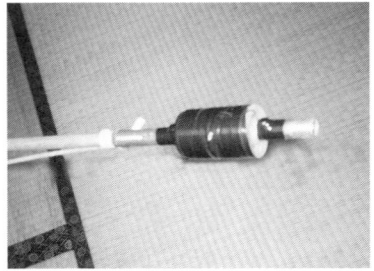
写真1-4-3 21MHz用コイルの取り付け

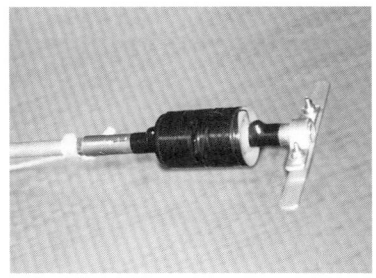
写真1-4-4 18MHz用ハットの取り付け

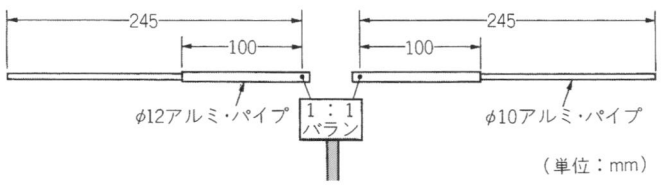
図1-4-1 基本となる28MHzのダイポール・アンテナの寸法

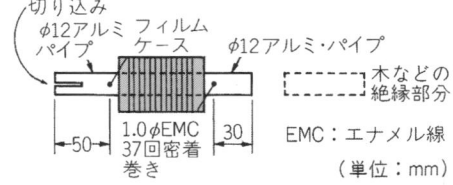
図1-4-2 ローディング・コイルの構造

各バンドへの切り替え方法は次のとおりです.

24MHzにQRVする場合は，**写真1-4-2**のように28MHzダイポールのエレメントの先端にハットを取り付け，共振周波数を下げて使います.

21MHzにQRVする場合は，**写真1-4-3**のローディング・コイルを取り付けます.

18/14/10MHzにQRVする場合は，**写真1-4-4**のようにローディング・コイルの先端にさらにハットを取り付けて対応します.

結局このアンテナは，28MHzと24MHzではモノバンド，21MHz以下は28MHzとのデュアルバンド型のダイポール・アンテナとして動作します.

ローディング・コイルは，本体のエレメントへの差し込み方式，またハットはネジ止めとしましたので，これらの交換は容易でありバンド変更が簡単に行えます.

● 製作

製作および調整は28MHzから順次低いバンドに対して行います．本体となる28MHzダイポール・アンテナは，図1-4-1のような特に説明する必要のない通常の1/2波長のダイポール・アンテナです.

構造的にエレメントの両端が重くなるので細目のナイロン・ロープで中央から吊っています.

エレメント長の調整は，ディップメータを用いて大まかに合わせ，微調整は送信機とSWR計を用いて行いました.

給電部は，**写真1-4-5**のようにエスロン・パイプ

写真1-4-5 給電部のようす

と木を用いて作りました．また，フロート型のバランを入れてあります.

続いて，ローディング・コイル部の製作です．図1-4-2のように作ります.

本体のエレメントと同じ太さのアルミ・パイプ，軸となる木（絶縁物なら何でもよい），フィルム・ケース，および絶縁銅線で作りました．アルミ・パイプには，エレメントに差し込みやすくするように，縦に少し切り込みを入れてあります.

21MHzの調整は，製作するコイル部の切り込みのないほうのアルミ・パイプの長さの調整で行います．最初は長めにしておき少しずつカットして追い込みます.

また，コイル部の切り込み側のアルミ・パイプをエレメントに2cmほど差し込んで取り付けること

表1-4-1 各バンドにおける調整結果

バンド	組み合わせ	SWR（調整後）	ハットの形状と寸法（調整後）	運用可能バンド
28	図1-4-1参照	28.0〜29.0MHzで1.7以下	—	28MHzのみ
24	ハットのみ	バンド内で1.5以下	14MHz用ハットと共用	24MHzのみ
21	コイルのみ	f_C±50kHzで1.5以下（f_C=21.2MHz）	—	28MHzと21MHz
18	コイル＋ハット	バンド内で1.5以下	110mm 幅10mm 厚さ1mm アルミ板	28MHzと18MHz
14	コイル＋ハット	f_C±45kHzで1.5以下（f_C=14.1MHz）	300mm 材料は同上	28MHzと14MHz
10	コイル＋ハット	f_C±15kHzで1.5以下（f_C=10.12MHz）	40mm 230mm 材料は同上	28MHzと10MHz

で，28MHzのエレメント長が若干伸びるのですが，SWRは大きく変化しなかったので再調整は行っていません．

18MHz以下の調整は，ローディング・コイル部に取り付けるハットの長さの調整で行います．ハットは手元にあったアルミ板を用い，これも長めの寸法から左右同じ長さで少しずつカットして調整しました．

24MHzの調整も，本体エレメントの先端に取り付けるハットの長さを調整します．今回は14MHz用のものがそのまま使えましたので共用にしています．

ハットの微調整も送信機とSWR計を用いて行いました．調整結果を表1-4-1に示します．表1-4-1には製作したハットの形状と寸法も入れてありますので，製作の参考にしてください．

今回製作したコイルとハット群が写真1-4-6です．もちろんこれらは左右のエレメント用に2組が必要です．

各バンドとも，短縮型の割には広帯域で使用できますが，14MHzと10MHzはさすがに帯域が狭いので，運用する中心周波数を決めて調整しました．

● 成 果

このアンテナの最終調整は，冬の寒い日でしたが家の近くの小高い丘に移動して行いました．

これは，実際にいろいろな周波数を何回も送信しながら調整する関係で，TVIなど近隣への影響を考慮したためと，調整後ただちにロケーションの良い所で試験運用をしてみたかったためです．

なお，調整も運用も4m高のポールに取り付けた状態で行いました．

2時間ほどの最終調整後，さっそく28MHz＋21MHzの組み合わせで運用してみました．

21MHzのCW（10W）でCQを出すこと3回，最初にコールしてきてくれたのはBV3ETで，RST579/559（当方）でQSOできました．

これに気を良くしてSSBにもトライしてみましたが，これはさすがに県内近郊の2局とのQSOにとどまりました．

また，別の日ですが同じ場所で，21MHzでBG4TBDと10MHzでJA8の局と599でコンタクトしています（ともに10WのCW）．

このアンテナをそのまま固定で使うのは強度の面で心配です．今回は手持ちの材料を使いましたが，エレメント径をもう少し太いものにしたほうがよいでしょう．

ともあれ，まずは移動運用に活用してみたいと思っています．

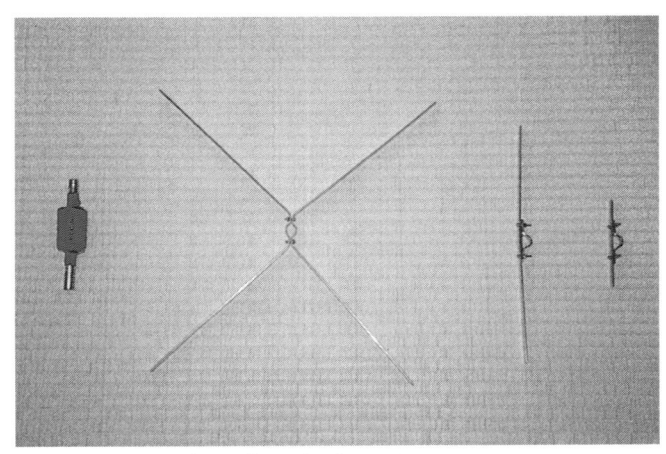

写真1-4-6 ローディング・コイルとハット
左からローディング・コイル，10MHz用ハット，14MHz用ハット，18MHz用ハット

1-5 アパマン用V型ダイポールの実験

市販モービル・ホイップを活用3.5～144MHz対応

（1994.3）

JS2ODL　田中 恒雄

　ほとんどのアパマン・ハムにとって，限られた場所へ大きなHFアンテナを設置するのは，とても無理です．

　そこで，WARCバンドを含む3.5～144MHz（3.5/7/10/14/18/21/24/28/50/144MHz）10バンドをカバーし，エレメントの全長が約5mという超コンパクト・アンテナを紹介します．アンテナの型は，V型ダイポールとしてみました（**写真1-5-1**）．

● 準備と加工・組み立て

　アンテナは，サガ電子工業（株）の車載ホイップ「CM-144W」（標準では21/28/50/144MHz対応）と，トップ・コイル（＝補助エレメントとオプションの短波バンド用全部）をそれぞれ2本分，用意します．

　補助エレメント（トップ・コイル）を取り付ける金具は，純正のものでは不可能です．私は，プリンを作るためのアルミ・カップ（**写真1-5-2**）を2個，用意しました．もちろん，類似のもので結構です．そのアルミ・カップの底側と側面に，**図1-5-1**に示すように直径5mmのネジが通る穴をあけます（底側：1カ所／側面8カ所）．

　それから，**図1-5-2**のように補助エレメントのネジ部をアルミ・カップの穴に入れて締め付けるナット（JIS M5：12個）も必要です．ISOナットでは規格が違うので，必ずJISのものを用意します．

　アンテナを支える塩ビ・パイプとパイプを接続する塩ビの継ぎ手，ローテータや固定用金具は，各自の環境に合わせてご用意ください．給電部は，クロス・マウントやモービル・ホイップに使うパイプ用基台などを活用するといいでしょう．

　給電は，**写真1-5-3**のように2本のホイップの芯線に，同触ケーブルの芯線と外被をそれぞれ接続します．

　組み立ては，図や**写真1-5-4**を参考にしてください．

写真1-5-1　本V型ダイポールの全景

写真1-5-2　アルミ・カップ（プリン型"大"）の一例

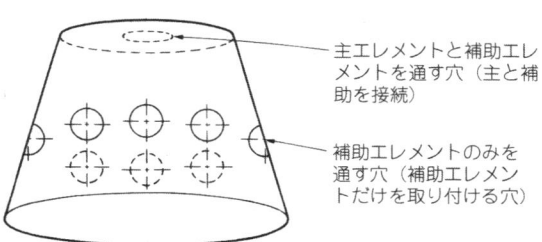

図1-5-1　主エレメントと補助エレメントを接続するパーツ
プリン用のアルミ・カップに穴あけ加工した

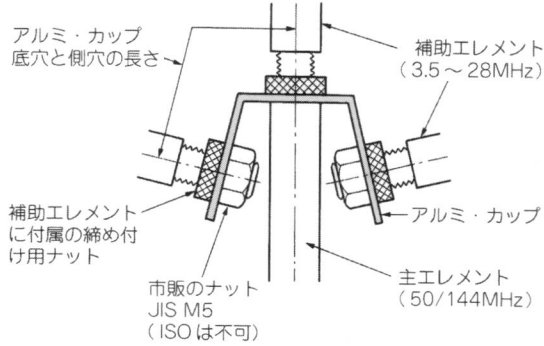

図1-5-2　アルミ・カップに主／補助エレメントを取り付ける

1章　ダイポール系アンテナ編

写真1-5-4　V型アンテナの補助エレメント部
アルミ・カップにHF用補助エレメントが取り付けてある

表1-5-1　V型ダイポール・アンテナのSWR特性

周波数(MHz)	3.5〜28	50.0〜53.5	144〜146
中心周波数	1.1〜1.2	−	−
全域(VHFのみ)	−	1.5以下	1.3以下

写真1-5-3　V型アンテナの給電部
左右のエレメントに同軸ケーブルの芯線，編組線を接続している．バランは付けておらず，直接給電している

● 調　整

　調整は，アンテナの説明書に従います．

　まず，VHFの調整は，主エレメントの給電部に周波数を調整する箇所がありますので，その調整コイルの棒を½ほど出します．これで，50/144MHzの調整はOKです．

　HFの調整は，28→24→21→…3.5MHzと，周波数の高いほうから順に行います．このときは，まず付属のHF補助エレメントを切断します（標準エレメントは残して，基準品とする）．切断する長さは，アルミ・カップの底穴〜側穴までの長さ分だけです．

　これを元に，バンド内中心でSWRを1.0に近づけてください．周囲や設置の状況により長さは異なりますが，トップ・エレメントの出し入れだけで解決すると思います．

　私の場合，これで3.5〜28MHzまでは，中心周波数でSWRが1.1くらい，50MHzは，50〜53.5MHzまでは1.5以下，144MHzは全帯域で1.3になりました（表1-5-1）．

　このアンテナは，短縮型ですから，特に低い周波数にいくほど，SWRが低い範囲（共振周波数）は狭くなります．ですから，できるだけアンテナ・チューナの併用をお勧めします．

● 交信実績

　5mの高さに設置し10D-FBケーブルで給電した本アンテナで，100W SSBを運用した結果は，以下のとおりでした（1993年3月〜7月）．

- 14〜28MHzで，5大陸とQSO．3.8MHzでWと交信．
- 国内は，3.5〜28MHzで，全国とRS55〜59＋．50/144MHzでは，グラウンド・ウェーブで約150〜200km．

　　　　＊　　　　＊　　　　＊

　以上，本アンテナを説明してきましたが，要は「アンテナを写真のように設置してSWRを低く調整し，アンテナ・チューナを併用する」，これで，ほぼ90％はOKです．あとは，それぞれ好みによって，細かいところを製作すれば完成です．

　アンテナに苦労しているアパマン・ハムの方には，ぜひ本アンテナをベランダに設置してみてください．アイデア次第で場所に合わせた変形も可能ですし，使いやすさではほかのアンテナより優れていること，ピカイチです．

《参考文献》

- CM-144W取扱説明書，サガ電子工業（株）
- 角居洋司，吉村裕光；アンテナ・ハンドブック，CQ出版社．

1-6 チューナ内蔵 7～28MHzコンパクトV型ダイポール

（1994.7）

JA3NEP　小曽根 真三

海外から運用し，パイルアップを受けてみたいものだと，長年夢を温めていました．このたび，米国と日本の相互運用協定により，アラスカおよびハワイから運用するため，運搬が容易でホテルのベランダなどに設置が簡単な伸縮型Vダイポール・アンテナを試作しました（**写真1-6-1**）．

敷地の狭い日本，大きなアンテナを建てたくても物理的に無理のある無線愛好家，アパートやマンションからスパイやゲリラもどき（？）に無線を楽しんでいる皆さんに，少しでもお役に立てればと思い，簡単にアンテナを紹介します．

全体の構成

運用周波数は7/10/14/18/21/24/28MHzとし，ロッド・アンテナ2本をV字に組み合わせ，アンテナ・チューナとともに一つの筐体に組みました（アンテナ・チューナのコイルの巻き数を増やすことで3.5MHzも運用可能）．

● アンテナの構成

ランチ・ボックス内に組み込んだアンテナ・チューナに，50MHz用ロッド・アンテナ（アンテン製GNR-60，エレメント1本1,800円）2本を直角に配置

し，チューナのバリコンにモータ（ジャンク屋から1個700円で購入）を取り付け，シャックからリモコン可能なアンテナ・システムとしました（**図1-6-1**）．バリコンを調整することで，目的の周波数において，$SWR = 1$（反射なし）まで追い込めます．

また，7MHzや10MHzは少しでも効率を上げるため，アンテナの先端に空芯コイル（直径1.2mmのエナメル線で直径35mmの空芯コイル15回）を取り付けました．

● アンテナ・チューナの構成

チューナの回路そのものは**図1-6-2**のように非常に簡単です．ランチ・ボックス（800円で購入）内にバリコン（250pF1kV，2,500円で購入）を2組，空芯コイル，同軸コネクタ，ターミナルなどを配置し，できるだけ太い線か銅板で配線します（**写真1-6-2**）．

私は，銅板で配線しました．細い線で配線すると，21MHzなどの高い周波数では，リアクタンスを生じ影響が出ます．

コイルの切り替えは，ワニ口クリップがいちばんFBです．もちろん，接点数の多い切り替えスイッチで，コイルを切り替えるのも悪くありません．タイ

写真1-6-1　ロッド・アンテナ利用のV型ダイポール

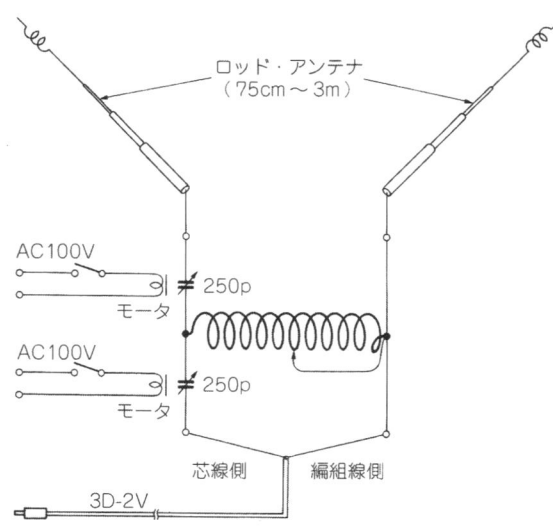

図1-6-1　7～28MHzコンパクトV型ダイポールの構成

1章　ダイポール系アンテナ編

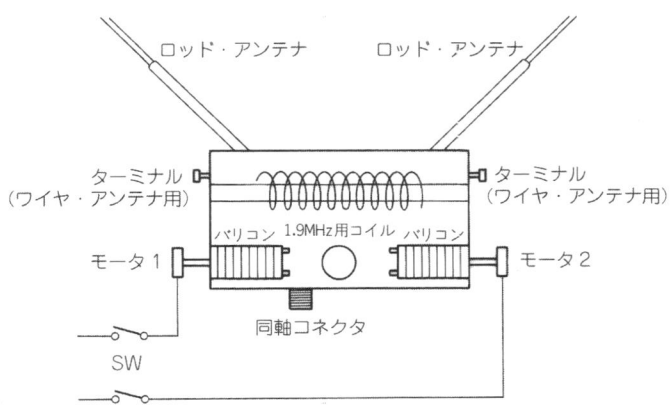

図1-6-2　マッチング・ボックス内の配置

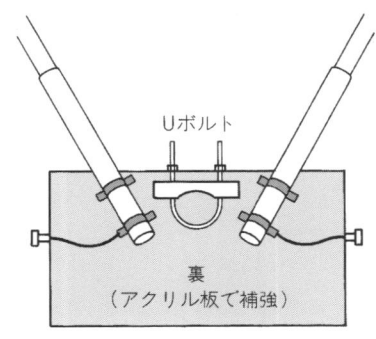

図1-6-3　ランチ・ボックスの底面をアクリル板で補強して，ロッド・アンテナを取り付けた

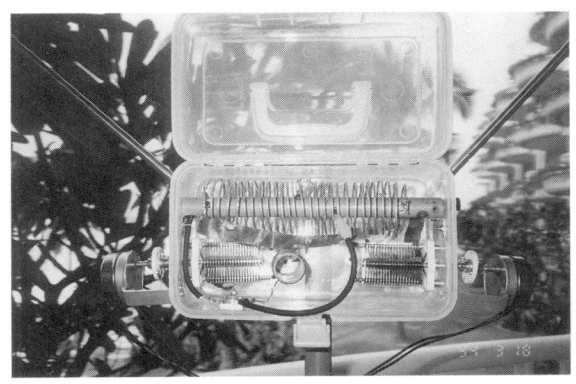

写真1-6-2　ランチ・ボックスに組み込んだアンテナ・チューナ部
ランチ・ボックスの外側に付いているのがモータ

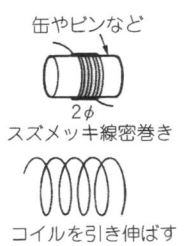
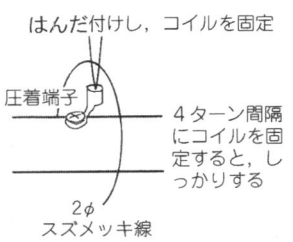

図1-6-4　コイルの製作要領

写真1-6-3　エレメントの先端に付けたコイル

ト製の切り替えスイッチが手に入りにくいのと高価なため，ワニ口クリップとした次第です（hi）．

また，図1-6-3のようにランチ・ボックスの底部分を厚さ2mmのアクリル板で補強し，アンテナ・エレメント，固定用Uボルトを取り付けます．

直径18mmの水道用塩ビ・パイプに，図1-6-4のように直径40mmの空芯コイルを27回巻いて（だいたいでよい）取り付けます（写真1-6-3）．コイルを取り付ける要領は，直径2mmのスズメッキ線を直径40mmの缶（何でもよい）に27回密巻きにして取り外します．塩ビ・パイプに取り付ける際に，コイルを引き伸ばして，塩ビ・パイプに取り付けたコイル固定用の圧着端子（直径1mmのスズメッキ線を取り付けてある）にはんだ付けしてコイルを固定します．

また，1.9MHz用に，直径25mmの塩ビ・パイプに直径1.6mmのエナメル線を35回密巻きにしたコイルをケース内に増設しました（自宅では屋根馬からシャックの窓際まで全長30mくらいのループ・アンテナを作り，このチューナとともに1.9〜10MHzまで運用している）．

写真1-6-4　冬のアラスカからQRV．モータが凍り付く

写真1-6-5　マウイ島のホテルのベランダにアンテナを設置

調整とまとめ

● アンテナおよびチューナの調整

　ロッド・アンテナの最大エレメント長は3mです．21MHzでは50cmずつ不足するので空芯コイルを接続し，アンテナ・チューナのコイルをトップから数回巻き（4～5回巻き）のところにワニ口クリップで固定し，受信感度が最良になるようにバリコンを調整します．

　10Wくらいで送信し，SWRが1になるようにバリコンを微調整します．SWRが1にならない場合は，コイルの巻き数やエレメント長を変えて，再度バリコンを微調整してください．

　7/10/14MHzも同様に，コイルの適当な所にワニ口クリップで固定し，バリコンを調整します（7MHzでは27回巻き）．バンドの真ん中でSWRを1に調整すれば，バンド内はSWR＝1.5くらいで運用できると思います．

　28MHzは，ロッド・アンテナのエレメントを1mくらいずつ短縮します．

　要領がわかれば，コイルやアンテナ・エレメント長は簡単につかめるでしょう．バリコンを回して受信感度が変わらなければ，コイルの固定位置が不適当です．受信感度が最良になるように，コイルおよびバリコンを調整できればSWR＝1まで簡単に調整可能です．

　そして50W，100Wと増力しても，SWRはほとんど変化しないと思います．

● 同軸ケーブル

　DXペディションでは，同軸ケーブルを2本を用意しました（3mと7m）．アンテナを調整する前に同軸ケーブルの開放端インピーダンスを測定したほうがよいと思います．開放端インピーダンスが0Ωに近い場合，調整がクリチカルになり，たいへん不安定です（無限大に近いほうがよい）．

　インピーダンス測定器のない場合は，数m単位の同軸ケーブルを数本用意し，調整がクリチカルでマッチングが取りにくい場合，ケーブルの長さを変えたほうがよいと思います．同軸ケーブルもアンテナの一部です．アンテナ・エレメントと同様に注意深く扱いましょう．

● 運用してみて

　最初は，アラスカ州フェアバンクスの温泉町チェナ・ホットスプリングスから運用しました．なにせ－30～－40度という厳寒地，アンテナをベランダに出していたところ，バリコンを回すモータがカチンコチンに凍り回転しませんでした．慌てて，室内に移し，ヘア・ドライヤで暖め，やっと回転するようになりました．

　アンテナを室内の窓際にセットし直し交信を試みましたが，山に囲まれたロケーションであったため，辛うじて，7/14MHzでJAなどの局が聞こえた程度でした．しかし，空電ノイズが少ないため，信号が弱いにもかかわらず，明瞭に交信内容が聞こえました．KL7/JA3NEPとCQを出していたところVE7DUBからコールがあり，RS59のレポートをいただき感激しました．

　でも，後にも先にも，アラスカ（写真1-6-4）ではVEの1局だけでした．

　また，ハワイ州マウイ島からKH6/JA3NEPのコールサインでの運用（写真1-6-5）では14/18/21/24MHzで，たくさんの局と交信できました．JAの局はもちろんのこと，VK，ZL，UA，ZP，ZSの局とコンタクトでき，たいへん感激しました．

　JAからRS59＋のシグナル・レポートをいただいたときには，感激というより驚きでした．そのほか

VK，ZLなどの局から良いレポートをいただき，このアンテナの試作は大成功だったと『にまにま』しているところです．

● トラブル

自宅の実験ではトラブルはなかったのですが，KH6でいざ局をセットアップし，エレキー（BILL・LAB製小型エレキー）を接続し，電力を10Wから50Wに増力したところ，高周波が回り込み，送信しっぱなしになりました．

日本のAC（商用）電源は短い間隔（電柱から電柱）でトランスが入っているので電源インピーダンスが低いのですが，米国では日本と比較してインピーダンスが高いのだと想像できます．

エレキーの電源を無線機の電源から供給していたため，高周波が回り込んだようです．自作のコモン・フィルタを持参していたのでコアを取り外し，エレキーの電源入力，TS-50Sのキー入力に挿入し解決しました．何でも持っていくものですね．

● おわりに

アラスカやマウイ島ではたくさんの局が7MHzでオン・エアし，混信していると想像していましたが，ほとんど交信は聞かれませんでした．マウイ島では，14～24MHzからたくさんの局と交信でき，いまだに感激は消えていません．

失礼な交信態度にならないように努めましたが，もし失礼がありましたらご容赦ください．

アラスカでは，ほとんど交信できませんでしたが，オーロラ（アラスカではノーザンライツ，北の光と呼んでいる）が美しく，十分満足のいく旅でした．

このアンテナを試作するまでにいろいろなアンテナを実験しましたが，V型ダイポール・アンテナは比較的持ち運びが容易で，オールバンド対応と十分満足いく結果であったと自負しております．

アパマン・ハムの皆さんや海外から運用したいと考えている無線愛好家に，少しでもお役に立てれば幸いです．お空でアンテナ談義ができる日を楽しみにしております．

では，FB DX 73！！

《参考文献》
- W1FB Doug Demaw "HOW TO BUILD A SMALL ATU FOR CAMPERS" US CQ誌．

1-7 21MHz短縮ダイポール・アンテナを作ってみよう
超短縮全長3m
（1997.9）
CQ ham radio 編集部

条件を考える

● まずはバンドを決める

アンテナを張りたいマンションのベランダの造りは，図1-7-1のようになっています．悲しいことにベランダの間口が2.5mほどと通常のマンションのほぼ½しかありません．この条件で，½λダイポールを張るとしたらV・UHFの，それも144MHz以上に限られてしまいます．

その条件をあえて破り，なんと21MHzのダイポールを張ることにしました．

● 短縮することを考える

図1-7-1から明らかなように，1本のワイヤを張るとすると最大で，図中①のようにやや斜めにワイヤをもっていく方法で，それでも3m強です．頑張って50MHzの½波長ダイポールが可能かどうかの瀬戸際ですが，そこに21MHzの½波長つまり7mほ

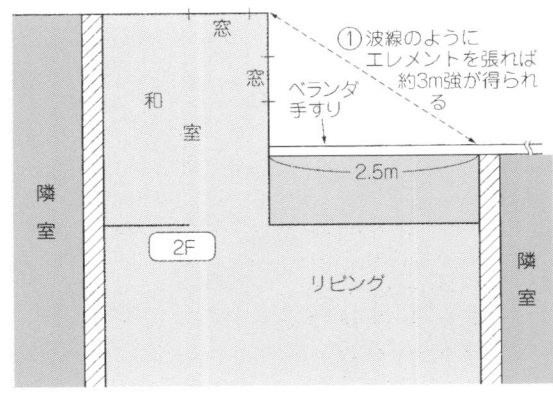

図1-7-1　アンテナを張るための環境
ベランダ部分が狭い

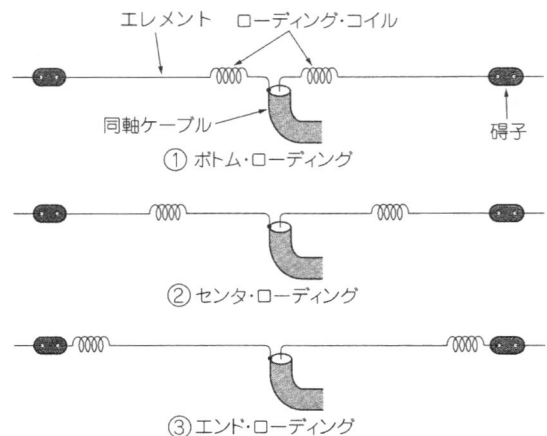

図1-7-2 コイルの位置で変わる短縮方法

どは，そのままではとても張ることはできません．そこで，アンテナを短縮することになるわけです．

短縮ダイポールの形態は大きくわけて，**図1-7-2**のように三つほどが考えられます．今回選んだのはそのうちのセンタ・ローディング型ですが，三つともそれぞれ特徴があり，一概にどれが優秀とはいえませんが，一般的にはエンド・ローディング型が効率が良いとされています．

それを選ばなかったのは，エレメント先端に電圧の腹にあたるローディング・コイルがくると，ベランダの手すり部分の影響を大きく受けそうで少しためらった，という理由からで，それほど意味はありません．

電圧の腹が先端にくる，というのはセンタ・ローディングでも同じことで，その部分の絶縁や絶縁物の耐圧には気をつける必要があります．

材料と下準備

●材料をそろえる

むずかしいものはいっさい使いませんでした．X_Lがあらかじめわかっている市販のローディング・コイルや，まして事前の計算も行いませんでした．唯一の頼りは測定器で，最近アンテナの自作好きな一部のハムの間で話題になっているというSWRアナライザ（クラニシ製BR-200，**写真1-7-1**）これだけです．1.8MHz～170MHzまでのSWRとインピーダンスの測定が可能です．

写真1-7-2のように，エレメントとなるACコード，ガイシとローディング・コイルを巻く塩ビ・パイプ，バランを作るためのトロイダル・コアとエナメル線，それにハトメ端子．あとは，どこの家庭にでも一つはあるだろうと思われるものばかりです．

ただし工具はひととおり使っています．ラジオ・ペンチやニッパはもちろんのこと，はんだゴテや電気ドリル，圧着工具などです．

●ポイントはバラン

バランは平衡（ダイポール・アンテナ）―不平衡（同軸ケーブル）のアンバランスを見かけ上，整えてくれます（**図1-7-3**）．

同軸ケーブルなどからアンバランスが原因で生まれる不要な輻射を抑制してくれる優れもので，今回はこのバランを給電部のケースの中に組み入れてし

写真1-7-1 BR-200

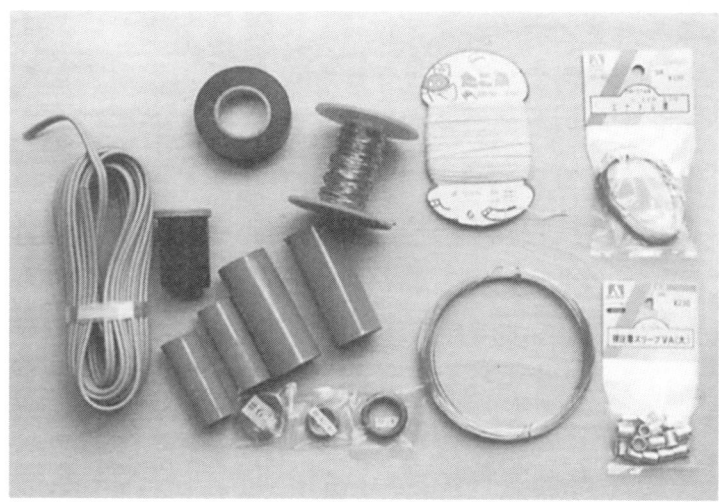

写真1-7-2 ダイポールを作るために使ったパーツ

1章　ダイポール系アンテナ編

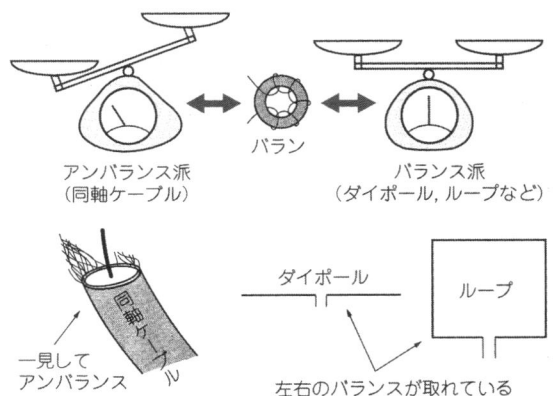

図1-7-3　バランはアンバランスをバランスさせる

写真1-7-3　直径30mmほどの塩ビ・パイプにエレメントを巻けるだけ巻く

まうつもりです．

　ダイポール・アンテナは，このバランができてしまえば，ほぼ半分はできたようなものです．そういう意味も込めて，バラン作りから始めました．

● バランを作る

　今回作るのは，バランと給電部のケースを兼ねたタイプで，以前からCQ ham radio誌などでも紹介されてきたカメラ用のフィルム・ケースを使うというものです．防水に関して完全ではないにしても，そこそこ期待できますし，なによりも費用がかさみません．

　ポイントとなるのは，トロイダル・コアにより線（ここではエナメル線を使用した）を巻くことと，それをきちんと給電側の同軸ケーブルとエレメント側にはんだ付けすることです．

　もう一つポイントをあげるとすると，アンテナを水平に張った際，バランとエレメントのはんだ付けした部分に，相当なテンションがかかります．そのため，その負荷をキャンセルできるようにするため，

ありったけの力を込めて給電部のエレメント折り返し部のハトメをカシメることです．

　作業手順は次ページに別掲してありますが，

① 給電線になる同軸ケーブルの片側をはんだ付けできるように処理
② フィルム・ケースの加工
③ エナメル線をより，先端のエナメル被覆をはぎ，トロイダル・コアに巻く
④ フィルム・ケースに同軸ケーブルを通した後で，バラン本体とはんだ付け
⑤ 左右エレメントの支線になるワイヤ（ここでは，凧糸を2重にして使用）をフィルム・ケースに通す

以上の手順を経てひとまずバランの完成です．なお，トロイダル・コアは指定のものでなくても使用できますが，周波数特性を考えて指定されています．できるだけ同じものを使ってください．

● エレメントとコイルを作る

　ところで目的の21MHzの1/2波長は約14.3mです．ダイポールの片側は約7.15mとなりますが，図1-7-1でも明らかなように，最大に張っても片側1.5mほどです．

　センタ・ローディングで，一方のエレメントの片側として使えるのはその半分の約75cm．ローディング・コイルをどの程度巻けばよいのか見当すらつかないので，後は測定器に"おんぶにだっこ"とばかりに，直径30mm長さ10cmほどの塩ビ・パイプに巻けるだけ巻いてみました（写真1-7-3）．

　塩ビ・パイプの左右にエレメントを通すための穴を電気ドリルであけ，エレメントにしたACコードを巻き付けたものです．

　調整用のひげ（30cmほど）を除いて，片側エレメ

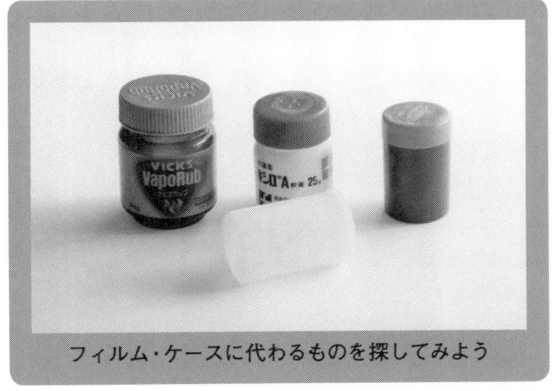

フィルム・ケースに代わるものを探してみよう

※ 編集部注：写真番号のないものは，書籍にするにあたり，編集部が追加したものです．

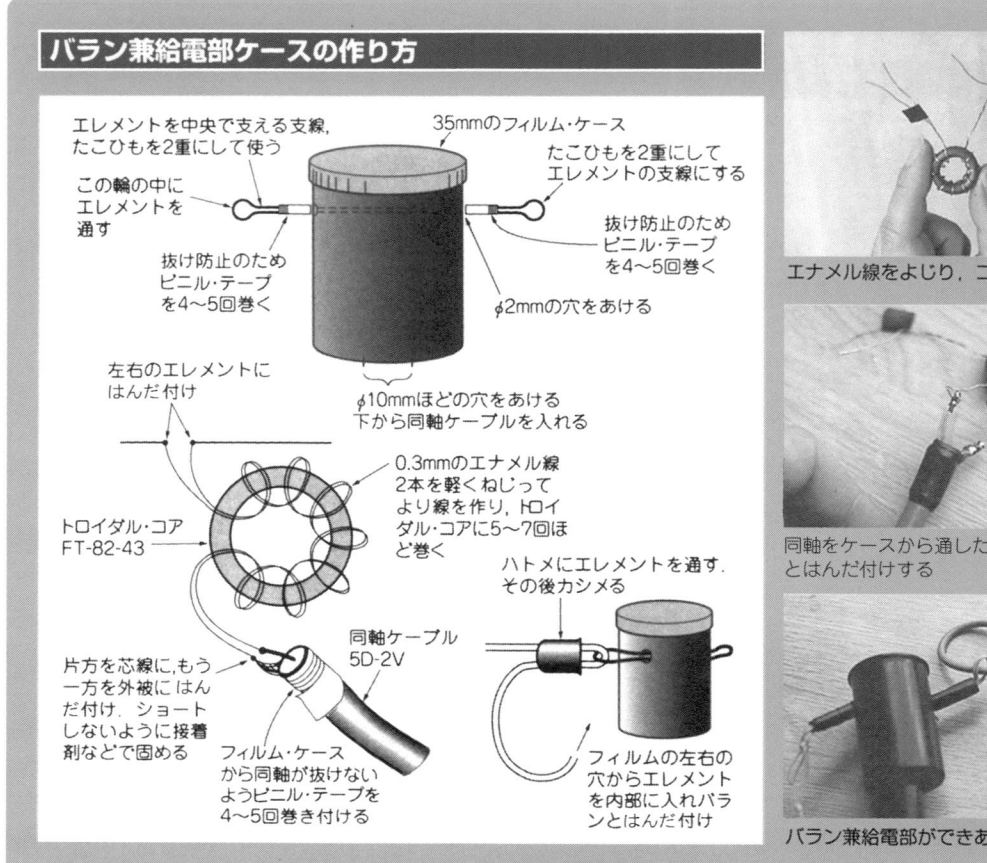

バラン兼給電部ケースの作り方

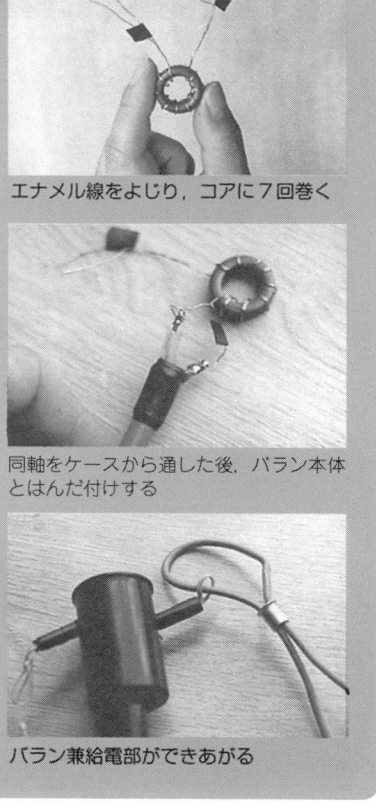

エナメル線をよじり，コアに7回巻く

同軸をケースから通した後，バラン本体とはんだ付けする

バラン兼給電部ができあがる

ントの中央にローディング・コイルがくるように巻くことができました．何度か実験を繰り返すと，おおよそコイルのデータがとれそうです．基本は周波数を高くするときは巻き数を減らし，周波数を低くしたいときは巻き数を増やす，これは変わりません．環境に合わせてカット＆トライを繰り返す以外にないところです．

● ガイシを作る

アンテナの材料集めのため，首都圏にある有名ホームセンターに行っていろいろ物色してみましたが，以前は品ぞろえがあったものの，ここ数年のうちに店舗から姿を消した商品がいくつかありました．ガイシもそのうちの一つです．

そこでコイルに使った塩ビ・パイプをガイシの代わりとしてとして使ってみることにしました．誘電率などの関係で，本物のガイシとは比べものにはならないものの，10Wや20W程度の電力ではさほど問題ないでしょう．

作業は，パイプの両端に電気ドリルで穴をあけるだけです．耐電力を考えると，穴の間隔をできるだけ広く取りたいところですが，ほどほどにしてみました．

まとめ

● 全体をつなぐ

ここまでできたら，あとはそれぞれのパートをつないで，1本にするだけです．給電部のエレメント処

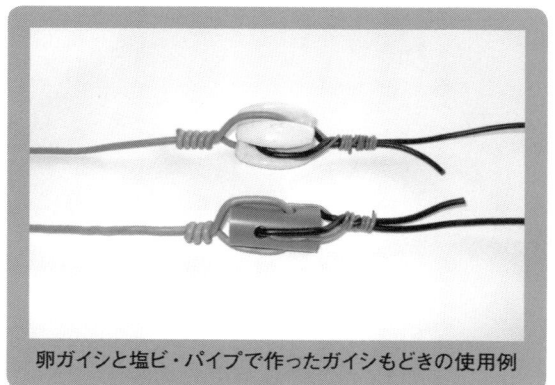

卵ガイシと塩ビ・パイプで作ったガイシもどきの使用例

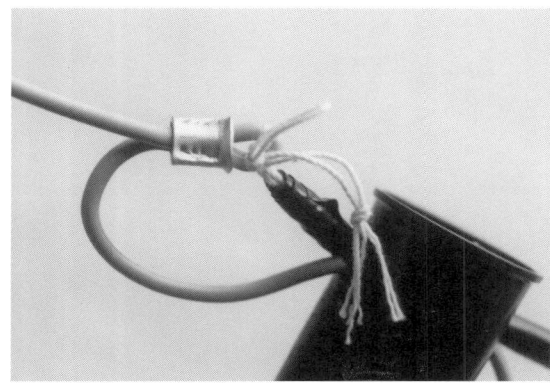

写真1-7-4 給電部のエレメント処理．圧着工具でハトメ（圧着スリーブ）をカシメる

理はハトメを通して，圧着工具を使ってしっかりかしめます（**写真1-7-4**）．一度ではなく，位置をずらして3回ほどかしめるのがコツです．

さてアンテナは計算どおりにはいかず，全体が少し長めにできてしまったようで，さりとてテンションを落として水平度を落とすと，下の階の住人の目障りになりますし，張りすぎると片側端はベランダ内部まできてしまう，という状況です．

今回は実験と自分に言い聞かせ，後者ぎりぎりのところで妥協しました（**写真1-7-5**）．

● **実際はどうか**

同軸ケーブルをアンテナ・アナライザの入力端に入れ，スイッチ・オン．バンド・レンジを合わせ，デジタル周波数表示とメータを見比べていくと，なんと目的とする21MHzではSWRが無限大，18MHz台後半に共振点があるらしく，SWR最低で2.2ほどです．

アンテナの実用的なSWRの範囲を$SWR<2.0$とする見解があります．しかし，このままの状態では，それすらもやや超えているようです．共振周波数自体の移動は，コイルの巻き数を1.5ターンほど減らすことで可能でしたが，SWRはやはり2.0以下にはなりそうもありません．

BR-200でインピーダンスを測ると，90Ωほどを指しています．たぶん，エレメント両端が手すりやアルミ窓枠の影響を受けて，$+j$成分が効いている

写真1-7-5 張るには張れたが，心なしかアンテナがしょんぼりして見えるのは気のせいか？ QSOの実績を積めば立派に思えるかも

のだと思われます．全長は短くなりますが，エレメント両端を建物から遠ざけることによって，ある程度はクリアできると思います．あるいは強制的に1：2のインピーダンス変換バランに変えてみる手はあります．

単純な計算上では，50Ωで$SWR=1.0$だとすると，ダイポール・アンテナの標準である73ΩではSWRは1.5をやや切るくらいだから，まんざらでもないか，と自分を慰めながら今回の実験を終えることにしました．

* * *

個人的にはつくづくアパマン・ハムの悲しさを感じました．が，一軒家でスペースが自由に使えるのであれば，標準的な½波長ダイポール・アンテナを手作りで張ることは，そうむずかしいことではありません．ローディング・コイルを巻く必要はありませんし，アパマンが抱えるような制約が少ない分だけ欲張ることもできます．

1-8 21MHz短縮ロータリ・ダイポール・アンテナ

ロッド・アンテナ＋マッチング回路
（1997.9）
JA1XRQ　高山 繁一

私はQRPの運用が中心ですが，車の中にはいつもバッテリとQRPのリグを入れています．気の向いたところで電波を出すのですが，アンテナの設営にはいつも手間取ります．

本格的に運用するときには，それも楽しみの一つなのですが，ちょっと運用したいときなど，手軽なアンテナが欲しくなります．

50MHz帯などでは，ミズホ通信などからロッド・アンテナを使ったダイポール・アンテナ（以下，DPと略す）が発売されていますが，HFとなると手軽なものが見あたりません．

以前，50MHzのロッド・アンテナにローディング・コイルを付加するものが市販されていたと思いますが，すでにその会社もなくなってしまったようです．

そこで，ロッド・アンテナを使った，手軽なHFのDPアンテナを作ってみることにしました．

● 21MHz用DPを作る

とりあえず，そこそこに楽しめる21MHzのものを作ることにします．手軽さを考えると，ロッド・アンテナを使うのがベストでしょう．しかし，ロッド・アンテナは機構的にもそれほど長いものはありませんし，手に入りやすいものとなると，1.5m程度が多いようです．これを2本使ってダイポール・アンテナとします．

エレメントの長さが足りないのですから，ローディング・コイルを入れるのが一般的ですので，実験してみました．

しかし，調整がむずかしく，コイルの固定方法などやっかいになるのであきらめました．

少し強引なのですが，マッチング回路を入れて，SWRを落としてしまうことにしました．写真1-8-1にあるようにコイルとポリ・バリコン2個で構成しています．

回路は図1-8-1のように簡単です．これでも，SWRは1.2まで追い込むことができました（OAK HILLS RESEARCH社のWM-1で測定）．

● ロッド・アンテナを固定する方法

いろいろ考えましたが，素人で見栄えよくできる方法がなかなかありません．そこで，冒険だったのですが写真1-8-1のように，プラスチックのケースを使用し，ロッド・アンテナの根本部分をビスでケースに固定しました．

一部ロッド・アンテナが平行に重なる（根本の給

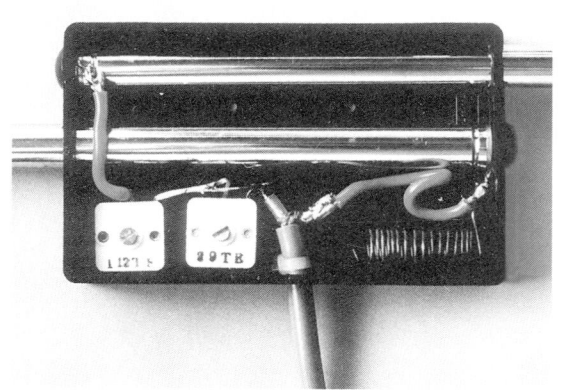

写真1-8-1　ケース内部のマッチング部のようす

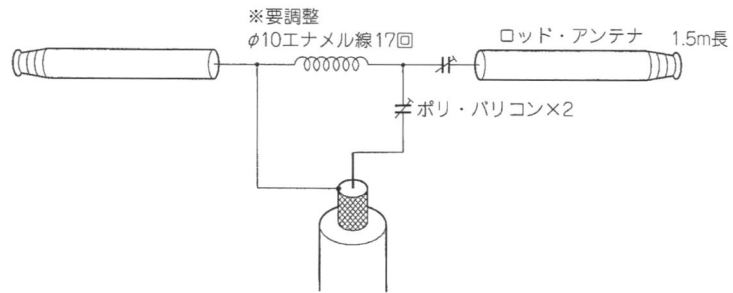

図1-8-1　21MHz短縮ロータリ・ダイポールの構成

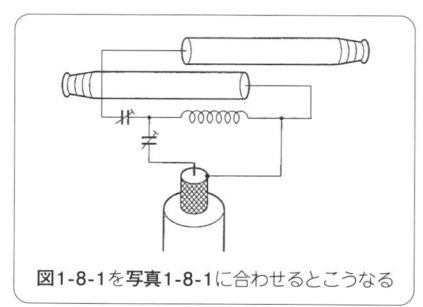

図1-8-1を写真1-8-1に合わせるとこうなる

1 章　ダイポール系アンテナ編

写真1-8-2　木の枝に吊り下げて運用

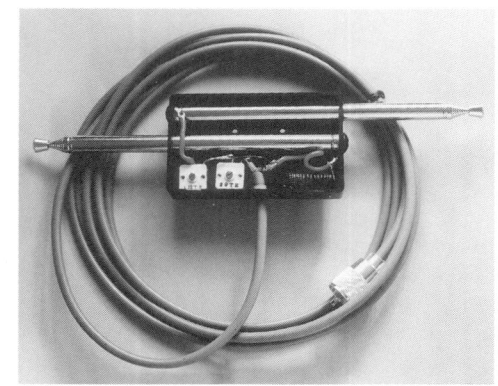

写真1-8-3　アンテナの全容．コンパクトなので持ち運びも楽

電部分が交差した形になっている）ため，影響がどのように出るかと心配しましたが，どうにかマッチングはとれているようです（理論にお構いなしのアマチュアの恐いもの知らずの実験なので，本当はとんでもないことなのかもしれないが）．

● 調整とまとめ

リグとアンテナの間にSWR計を接続し，ポリ・バリコンを調整して，SWRが下がり，パワーがいちばん出るところを捜します．

SWRの最良点とパワーの最大点とは一致しないかもしれませんが，相互の妥協点に落ち着けます．

こんなアンテナですが，立木の枝に釣り下げた状態（**写真1-8-2**）で，21MHz QRP（0.5W）機の組み合わせで北海道の2局と交信ができました．RST 599-539とまあまあのものでした．

今まで，移動というとワイヤ・アンテナを使っていましたが，このアンテナですとロッド・アンテナを伸ばせば即，設営完了ですので，雨のときの撤収など便利だと思います．それに，コンパクトでスマートです．

ディバックに忍ばせたり，車の片隅に入れておいても邪魔になることもありません（**写真1-8-3**）．ゲインを期待することはできませんが，こんな簡単なアンテナでも交信できる楽しさは味わっていただけると思います．材料がそろえられたら，1時間程度の工作で完成しますので，ぜひお試しください．

1-9　移動運用のための 50MHzダイポール・アンテナ （1998.12）

JA3PYH　岡田　邦夫

最近は，いろいろな形式のアンテナが作られていますが，その多くは，より遠くに飛ばすために大型化しています．

● 基本的なダイポール・アンテナ

そこで趣向を変えて，簡単に移動運用に使えるアンテナを基本に忠実に作ってみました．周波数は，寸法の関係から50MHzで作りましたが，工夫次第では28MHzや24MHz/21MHzでも架設できると思います．

このアンテナは簡単な構造なので，一度は作ったことがある，と言われる方は多いと思います．しかし，安易に作っては十分に性能を発揮できません．初心に帰っていねいにダイポール・アンテナを作ってみました（**写真1-9-1**）．

ダイポールは，左右対称のアンテナです．そこに同軸ケーブルを直接接続すると，左右のバランスが崩れます．そこで，同軸ケーブルの不平衡をアンテナ側の平衡の状態に変える1:1のバランが必要になります（**図1-9-1**）．

● シュペルトップ

今回使用したバランは，同軸ケーブルを使った「シュペルトップ」といわれるものです．シュペルトップは，電気的1/4波長に切った同軸ケーブルの編組線部

31

写真1-9-1 水平に張った50MHzダイポール・アンテナ．同軸ケーブルは垂直におろす

図1-9-1 50MHzダイポール・アンテナの構造

を同軸ケーブルに被せた構造をしています．

外側の編組線は，アンテナ側は開放，他端は同軸ケーブルの編組線に接続されています．シュペルトップの長さは，波長の¼に同軸ケーブルの短縮率（3D-2Vや5D-2Vでは66%）をかけた長さになります．

50MHzでは，

$$6 \times \frac{1}{4} \times 0.66 = 0.99$$

と99cmになります．正確なものにするには，ディップメータなどで測定をします．詳細は図1-9-2を見てください．

● アンテナの架設

このアンテナを移動運用で架設するときには，1波長以上の高さに上げます．50MHzでは，6m以上の高さが必要です．これぐらいの高さに上げると，地上の影響を受けずによく飛びます．できるだけ高く上げるのがよく飛ばすコツです．

基本どおり架設したダイポール・アンテナはよく飛びます．両端に適当な柱になる木などがないときには，給電部の穴にナイロン・ロープを付けて，樹木などにぶら下げます．あまり樹木に近づけると影響が出るので注意が必要です．

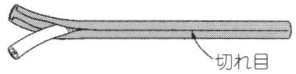

① 3C-2Vを長さ1100mmおよび1600mmに切る

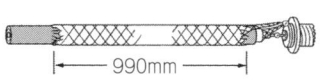

② 長さ1600mmの方の外被を剥いで編組線だけ取り出す

③ 編組線をもう一方の3C-2Vにかぶせる．編組線の長さは約70%になる．一端はM型レセプタクルにはんだ付けする．外側の編組線もM型レセプタクルの外側にはんだ付けする

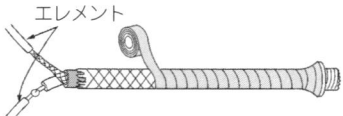

④ 多端にエレメントに接続して，全体にテープを巻く．ビニル・テープの5～6倍と高価だが，PVCテープを使うと接着剤がしみ出てこない

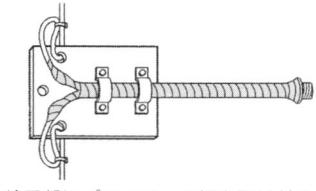

⑤ 給電部にプラスチック板を取り付けて終了

図1-9-2 シュペルトップの作り方
⑤のプラスチック板を取り付けたようすは写真1-9-2を参照

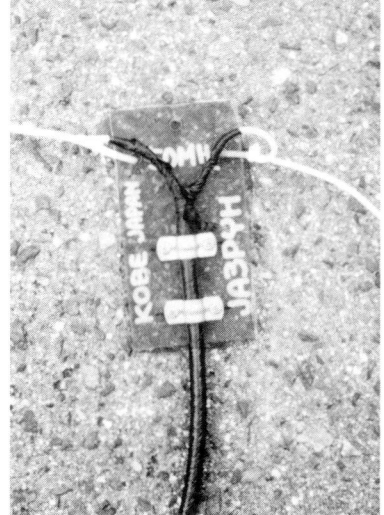

写真1-9-2 プラスチック板で作った給電部

1-10 1.9MHzウルトラ短縮アンテナ

ローバンドにチャレンジ
（1994.5）

JA3NEP　小曽根 真三

トップ・バンドと呼ばれる1.9MHzに「QRVしたい」と思ったことはありませんか？　このたび，FL-2100Zリニア・アンプを購入したのを機会に，1.9～28MHzまで500Wのライセンスを得ようと思いました．

そこで，敷地が狭い無線家にとっていちばん厄介な1.9MHzを，常識では考えられない（？）7m長＋7m長のエレメントのアンテナとローディング・コイルを組み合わせた，1.9MHzアンテナを試作しました．

以前，7MHzダイポール（敷地が狭いので折れ曲がっていた）を同軸コネクタの所で接続，T型アンテナとし，カウンターポイズ（もちろん折れ曲がっていた，hi）とともに自作アンテナ・チューナで無理やりマッチングを取り，1.9MHzにQRVしていました．

いくらなんでも，これでは検査合格となるほど世の中（電気通信監理局※）も甘くはないと思い，ちゃんとマッチングが取れ，できるだけきれいな電波を出そうと決心したのです．

● アンテナの構成

運用周波数は1.9MHz，3.5MHz，3.8MHz，10MHzとします．

調整が容易なように，マッチング部分はボトム・ローディングとし，直径2mmの銅線（1kg約2,000円弱）を購入し，大型の空芯コイルを直径15mmの水道用塩ビ・パイプに固定し，窓の所に設置しました．アンテナ部分は，2.5m長のアルミ・パイプと4.5m長の銅線を屋根の上に配置しました（図1-10-1，写真1-10-1）．

● マッチング・コイルの考え方

1.9MHzの½波長のアンテナ長は80mにもなり，アンテナのエレメントが7mのダイポールでは少なくとも33mずつ，合計66mの不足したエレメント分を延長する必要があります．

また，バンド内はできるだけSWR特性が良くなるように，大型コイルを製作し，インダクタンスやキャパシタンスなどの学術的なことは深く考えずに，

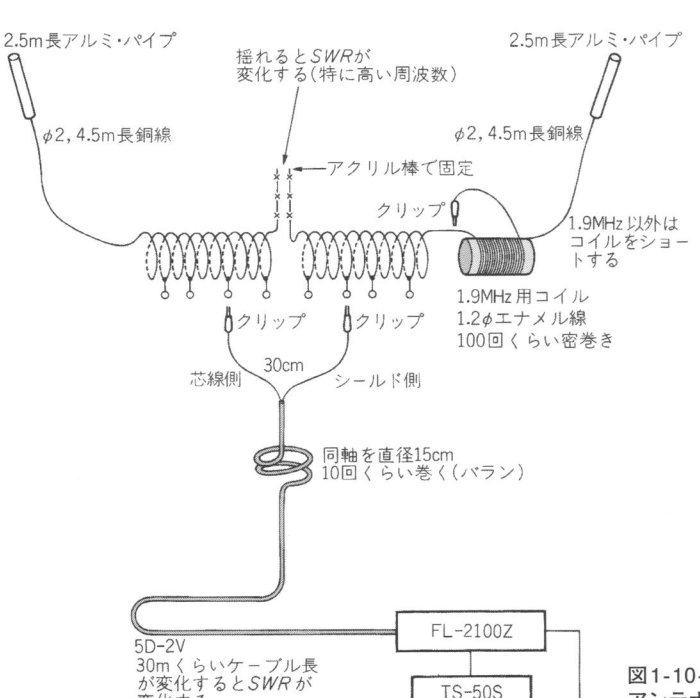

図1-10-1　1.9MHzウルトラ短縮アンテナの系統図

写真1-10-1　4.5mの銅線につながったアルミ・パイプ

※　現在は総合通信局．

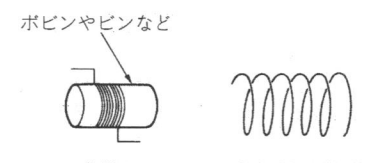 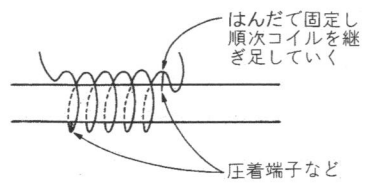 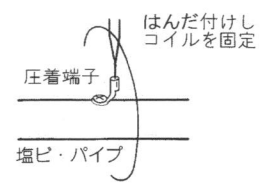

図1-10-2　コイルの製作要領

写真1-10-2　図1-10-1から抜き出した右図の部分．塩ビ・パイプの枠組みが見える

写真1-10-3　給電部に近い部分のクローズアップ

写真1-10-4　1.9MHz用コイル部分のクローズアップ

不足したエレメント分をそのままコイルにして延長するくらいの発想で，あとは単純にカット＆トライで調整しました（実際は，インピーダンス・メータなどの測定器がなかったため，やむなくカット＆トライとした次第．hi）．

● コイルの製作

直径15mmの水道用塩ビ・パイプに，図1-10-2のように直径120mmの空芯コイルを52ターンずつ取り付けます．コイルを取り付ける要領は，直径2mmの銅線を直径100mmのジャム（でなくても何でもよい）のビンに5回くらい密巻きにして取り外すのです．

塩ビ・パイプに取り付ける際にコイルを図1-10-2のように引き伸ばして，塩ビ・パイプに取り付けた固定用の銅線，または圧着端子にはんだ付けしてコイルを固定します．以下，同じ要領でコイルを継ぎ足していきます．

また，1.9MHz用に直径65mmの排水用塩ビ・パイプ（水道工事屋にあり）に直径1.2mmのエナメル線を100回くらい密巻きにし，塩ビ・パイプに固定しました（**写真1-10-2**，**写真1-10-3**，**写真1-10-4**）．

● マッチング

ダブレットのエレメント長，およびコイルのエレメント長が1.9MHzで40mずつ，計80m長のエレメントになるようにして，コイルを設計し，マッチングを試みましたがまったく同調せず，途方に暮れていました（アンテナの入力インピーダンスが同軸ケーブルのそれとまったく違っていたものと考えられる）．

試しに，同軸ケーブルの芯線側の密巻きコイルをバイパスし，マッチングを取ったところ，SWRがストンと落ちました．3.5MHzや3.8MHzのアンテナも同様です．ただし，10MHzのアンテナは，標準的なダイポールとして働いているようです．

この結果，アンテナは10MHzを除き，1/4波長のアンテナと1/2波長のカウンターポイズのアンテナ・システムとして働いているように想像できます．

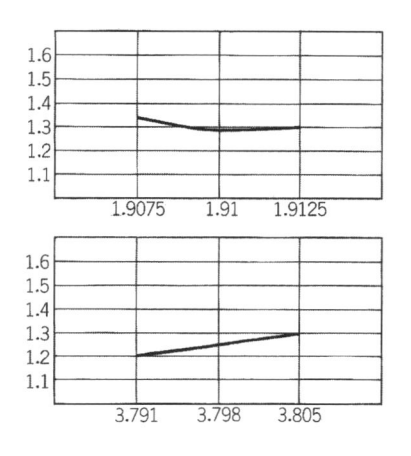

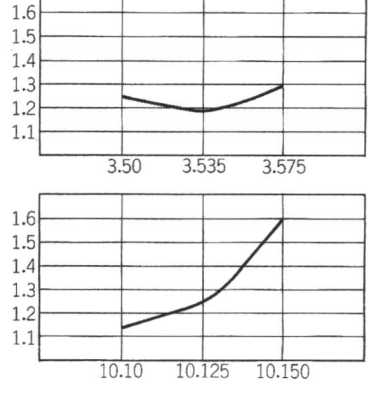

図1-10-3
各バンドのSWR特性
（縦軸：SWR，横軸：周波数）

● 運用してみて

聞こえている局に関しては，ほぼ交信可能です．この手の短縮アンテナは，周囲の環境に大きく左右されやすく，コイルの巻き数などは多少異なると考えられます．

同軸ケーブルはアンテナか，それとも単なる伝送路かという議論がありますが，改めてアンテナの一部であると確信した次第です．

以前よりも，同軸ケーブルの長さに注意を払うようになりました．机上で計算していたよりも違った感じのアンテナになりましたが，機嫌よくマッチングが取れているので，このまま楽しんでいます．

また，自作アンテナ・チューナとともに完全にマッチング（$SWR=1$）を取って運用しています（図1-10-3）．当然，以前7MHzのアンテナに無理やり1.9MHzをのせていたころよりも効率良く電波が出ていると思います．

"必要は発明の母" とは，よく言ったものです．小さな敷地でも立派（？）に，1.9MHzが運用できると自信を持った次第です．

● おわりに

10MHzに整合を取り（SWRはほとんビ1近くまで整合した），500Wで送信したところ，今までに見たことのない，コロナ放電が起こり，コイルの先端部分から空中に向かって，線香花火のように放電し，たいへん興奮を覚えました．

また，7m長のエレメントで7MHzには同調せず，アンテナ・エレメントを2.5mに短縮すると7MHzでもうまく電波が乗り，良いレポートをいただきました．

なお，マッチング・コイルのタップ（周波数）切り替えは，SWR特性などの点で，原始的なクリップがいちばんFBでした．

このアンテナで運用しだしてから，FCZ研究所のインピーダンス・メータ・キットを購入し，1.9MHzの同軸ケーブルのインピーダンス（先端開放），およびアンテナの入力インピーダンスを測定したところ，約15Ωくらいでした．

また，ほかのバンドは同軸ケーブルのインピーダンス（先端開放）は∞，アンテナの入力インピーダンスは50Ωでした．

この結果，1.9MHz以外は，普通のダイポール・アンテナと同軸ケーブルのマッチングの関係だといえます．アンテナを作った当時，測定器がなかったのですが，特に1.9MHzに関し，偶然（？）にもインピーダンスがマッチし，効率良く電波が乗ったものと思います．

このアンテナに関し，皆さんのご意見をいただけましたら幸いです．お空で会える日を楽しみにしています．また，現在，全長70cmくらいの7MHzおよび21MHzのスーパ・ミニ・アンテナを実験中です．良い結果が出れば，発表したいと思っています．

この原稿を書くにあたり，JF3SQJ平田OM，またTVIの防止などJA3BFL薮OMにご指導いただきありがとうございました．誌面を拝借してお礼申しあげます．

《参考文献》
- JA1NVB 飯島進；モービルハム・ハンドブック，アンテナのマッチング，CQ出版社．
- JA1BCN 河合照夫；モービルハム・ハンドブック，デュオバンド・トライバンド・ホイップアンテナ，CQ出版社．
- JF1NPO 外賀貞男；実用アンテナ・ハンドブック，CQ出版社．
- JF1NPO 外賀貞男；アンテナ・ハンドブック，7/10/14MHz短縮ダイポール，CQ出版社．

1-11 7MHzフルサイズ・ロータリ・ダイポール

エレメントのたわみ軽減に挑戦

（1997.9）

JR2TER 山下 忠史

エレメント長が10mほどになるHFのビーム・アンテナを作るにあたって，そのエレメントが材料の太さの選択でどれくらいたわむのかを実体験することを考えました．

また，せっかく作るのですからなるべく広いカバー周波数を持たせ，また国内での市販品を見ない7MHzのフルサイズのロータリ・ダイポールを作ることにしました．

予備実験と材料の選択

● たわみとうねりの実験

たわみの実験では，内径にはまる材料を継ぎ足していくだけでは思ったよりもたわみが多く，2mの脚立の上に立って中央を持っても先端は地上から持ち上がりませんでした．

そこで，いろいろと太い部分を長くしたり，逆に短くしたりしてみましたが，市販されているHF八木のような構造にするのが，いちばんたわみが少なくできました．

エレメント・ステーを取る場所や数も先端，中央と複数にすると，そこが支点となり，考えもつかなかったうねりを生むので，適正な位置はエレメント材料の重さによって決まります．

● 材料の選択

アルミ・パイプの材質も数年で粉をふくようなものではなく，一般用の63Sと比べ単価が割高になりますが，耐食性の高いS6063という材質のものを使ってみました．このパイプの切断作業のときに気がついたのですが，一般用のものに比べて硬く，目方もあります．

エレメントの太さは，製作予定のアンテナの関係上，最大部で直径45mmは欲しいところを，少し細いのですが35mmとしました．

● 各パーツの加工と製作

① エレメントの加工

使用材料は表1-11-1のとおりです．アルミ・パイ

表1-11-1 アンテナ製作に必要なパーツ（価格は購入時のもの）

品名	規格	数量	単価
アルミ・パイプ	材質S6063 φ35mm 厚2mm 4m	2	3410
アルミ・パイプ	材質S6063 φ30mm 厚2mm 4m	1	2980
アルミ・パイプ	材質S6063 φ25mm 厚2mm 4m	1	2560
アルミ・パイプ	材質S6063 φ20mm 厚1mm 4m	1	1470
アルミ・パイプ	材質S6063 φ18mm 厚1.5mm 4m	1	1720
アルミ・パイプ	材質S6063 φ15mm 厚1mm 4m	1	1290
アルミ・パイプ	材質S6063 φ12mm 厚1mm 4m	1	1160
塩ビ・パイプ	VP28 4m	1	600
マスト・クランプ	グラスファイバー工研製64×38mm	1	2700
Uボルト	ステンレス 32mm	2	140
ボルト・ナット	ステンレス M5-50mm 2本/袋	2	100
ボルト・ナット	ステンレス M5-40mm 2本/袋	2	100
ボルト・ナット	ステンレス M5-30mm 3本/袋	2	100
タッピング・ビス	ステンレス M3 20本/袋	1	100
導電コンパウンド	NAGARA PENETROX 30g	1	500
自己融着テープ		1	400
ビニル・テープ		1	120
圧着端子	2-3.5 10個/袋	1	200
絶縁電線	600V耐圧IV電線 1m	1	50
小計			¥23500
（マッチング・トランス材料）			
フェライト・コア	FT114・61	1	370
エナメル線	φ1.2mm 5m巻	1	350
ビス・ナット	ステンレスM3 20本/袋	1	100
コネクタ	M型角座金	1	150
コンデンサ	セラミック 10pF 1kV	1	250
コンデンサ	セラミック 100pF 1kV	1	250
塩ビ・ボックス	ミライ 150×120×60mm	1	650
小計			¥2220

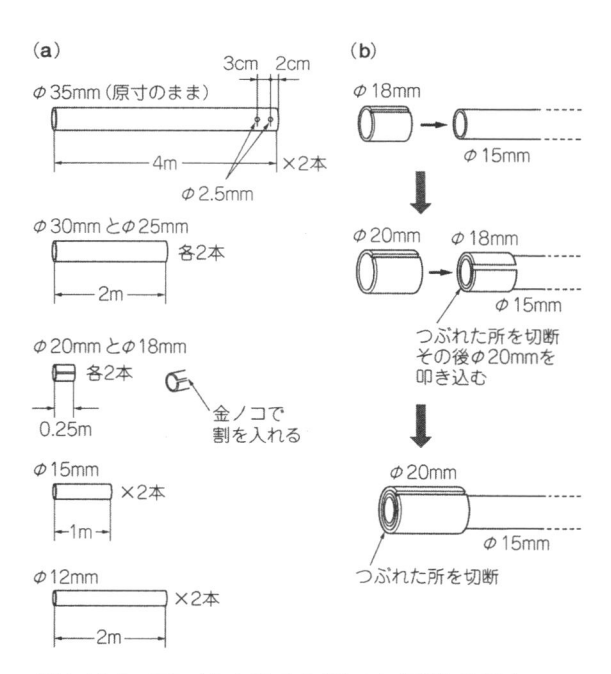

図1-11-1 エレメント用パイプのつなぎ部分の加工

1章　ダイポール系アンテナ編

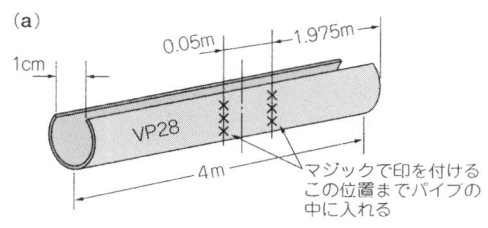

図1-11-2　塩ビ・パイプの加工とアルミ・パイプへの挿入方法

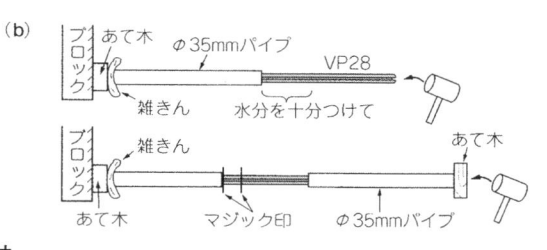

写真1-11-1　塩ビ・パイプに割りを入れる作業

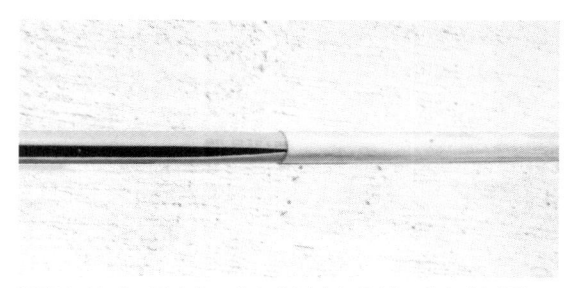

写真1-11-2　アルミ・パイプ（右）に塩ビ・パイプを挿入

プの加工は図1-11-1のように4mの定尺物を加工して使用します．給電部は絶縁を兼ねて強度を上げるために中に塩ビ・パイプVP-28を図1-11-2（a）と写真1-11-1のように割り入れ加工し，直径35mmのアルミ・パイプの中に写真1-11-2のように叩き込みました．

　この作業はこのアンテナを作るにあたっていちばんたいへんな作業になりますので，図1-11-2（b）のようにブロック塀（ブロック塀でなくてもかまわないが）に厚めの木を介し，そこに厚めの雑巾などをあてて少しずつ，塩ビ・パイプを水に濡らしながら行います．アルミ・パイプの先端が潰れないように気をつけて図1-11-2（a）で付けた印の位置まで叩き込みます．

　この作業は中央のアルミ・パイプの中に塩ビ・パイプが入っていく所をほかの人に押えてもらっていないと作業ができません．

② マスト・クランプの加工

　市販の絶縁材でできているマスト・クランプを図1-11-3（a）のように直径6mm穴を4カ所追加し，図

写真1-11-3　加工後の各パーツ

写真1-11-4　3分割のエレメント

1-11-3（b）のようにパイプを取り付け，IV線で作ったリード線を，左右のエレメントに取り付けます．

③ マッチング・トランス

　市販の50Ω：75Ωバランが手に入る場合はそれを

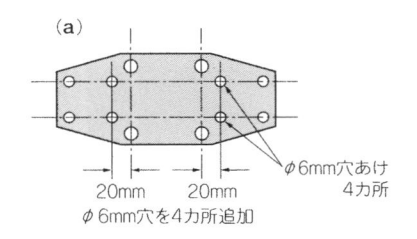

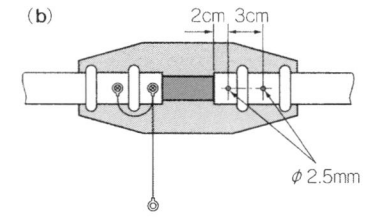

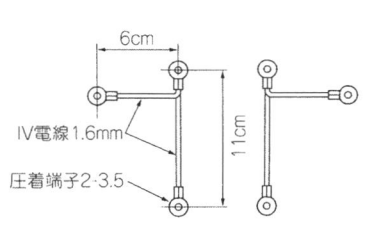

図1-11-3　マスト・クランプを使った給電部と，エレメントとバランをつなぐリード線の加工寸法図

37

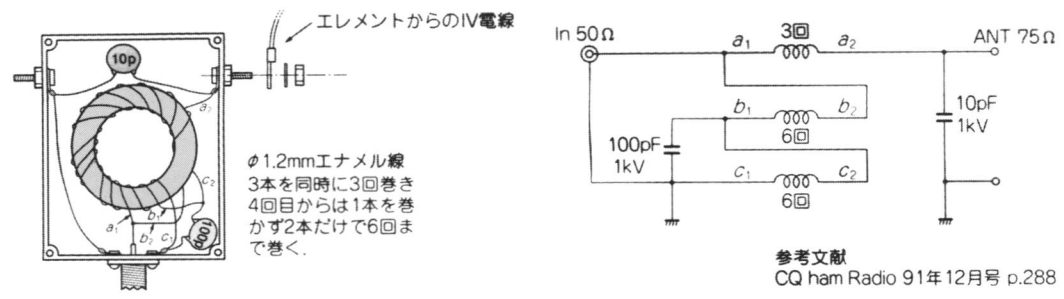

図1-11-4 マッチング・トランス

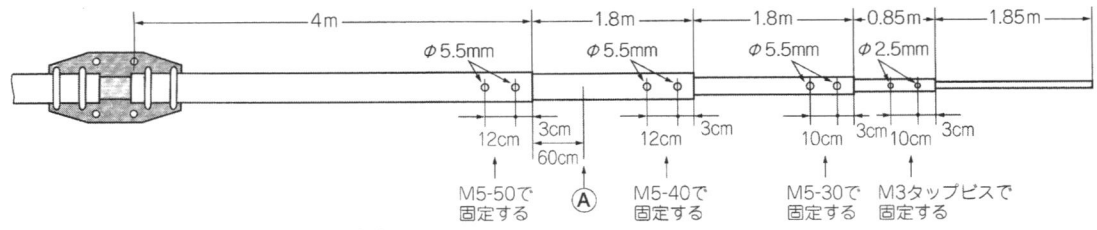

図1-11-5 エレメントの組み立て寸法図

使い，手に入らない場合は図1-11-4のようなマッチング・トランスを作ります．

組み立てと調整

● 組み付け

組み付けは，図1-11-5の寸法で接続部に導電コンパウンドを十分塗り，ボルト（ビス）止めした後，自己融着テープとビニル・テープで保護します．

ハンド（エレメント・ステー）を取る位置は実験で求めた図1-11-5のⒶの位置にしてください．この位置以外でハンド・ロープを取ったり，ハンド・ロー

写真1-11-5 ダイポールの上はブーム長15mの50MHz 11エレ

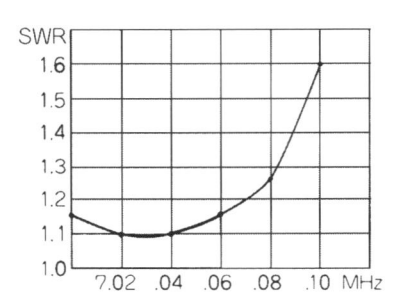

図1-11-6 SWR特性

プを増やしたりすると，エレメントにうねりが発生します．

エレメントからくるIV電線をマッチング・ボックスに接続して完了です．

● 調 整

タワーなどに上げた状態で，先端部分のエレメント長を調整するのは至難の業になりますので，今回はエレメントからマッチング・ボックスまでのIV電線の長さで調整しました．

● 性能と使用感

調整後のSWRは，エレメントが一般のワイヤ・アンテナで使う電線の太さに比べてはるかに太い割には，図1-11-6のような値になりました．使用感として，今まで使っていた国内製品の約50％短縮の2エレ八木と比べて若干，劣るかなといった程度です．

Chapter 2 ループ系アンテナ編

ループ系のアンテナは，丸，四角，三角などいろいろな形に変形させて，設置場所や周波数などの使用目的に合わせられることが魅力です．また，多エレメント化することにより，指向性や利得を得ることもできます．ここでは，基本形から変形，短縮など多様な製作を紹介していきます．

2-1 アンテナ・チューナをうまく活用して 21MHzループ・アンテナ
（1997.9）

7N2UUA　矢口 昌秀

経験から430MHzでループ・アンテナの性能が良いことがわかっていたので，HFでも使いたいと思っていました．

21MHzなら3.5mでスクェアができますので，ベランダの3.5mを1辺としたループ・アンテナを作ることにしました（**図2-1-1**）．材料を**表2-1-1**に示します．

バランは1:1バランでφ1mmのホルマル線をより合わせてトロイダル・コア（FT-82-43）に7回ほど巻きます．ケースにコネクタと端子を付けて巻いたコアを付けます（**写真2-1-1**）．

ベランダの両端に竿をくくり付け，線材を添わせていきますが，前もって線材の角になる所に印を付けておき，竿の先に付けてから両側の竿を伸ばします．竿の角度はそれぞれのロケーションでまるで違うと思いますが，私の場合は水平に対して80度くらいがベストな角度でした．**図2-1-2**がベランダとアンテナの見取り図です．ヘリカル・アンテナについてはp.101の製作記事を参照してください．

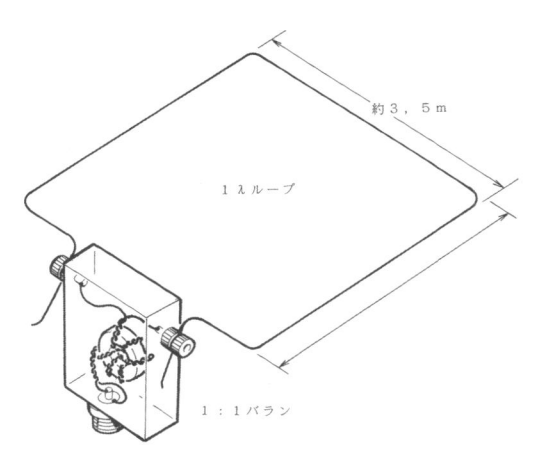

図2-1-1　21MHz用ループ・アンテナの給電部とエレメント長

表2-1-1　21MHz用ループ・アンテナの材料

グラスロッド	4.5m，2本
エナメル線	φ0.4（7MHz用エレメントのあまり）
バラン	コネクタ，ケース，トロイダル・コア，ターミナル端子，それぞれ2個，φ1mmくらい

写真2-1-1　21MHz用ループ・アンテナの給電部のようす

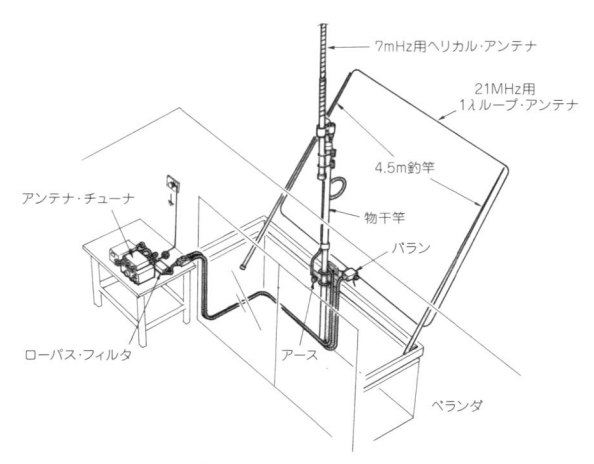

図2-1-2　ベランダとアンテナの見取り図

　調整は端子のところで3cm単位で動かして行いました．チューナを入れる前にできるだけSWRの調整をしてください．アンテナの高さが低いだけに回り込みが起きやすいので，ていねいな調整が必要と思います．

　もちろん無線機の電源やアースなどインターフェアの起こりそうなところは，できるだけの処置をしておきます．コアを挟むのもおまじないの一つです．またバランと手スリの距離が少し違うだけでもSWRが変わり，結構微妙です．

　ループ・アンテナを使っているOMがみんな口をそろえてFBと言っていますし，日本の住宅事情から見てもループ・アンテナは，お勧めできます．

　2本のアンテナを使ってみて，おおむねレポートがよいのに驚いています．別項で製作をご紹介している7MHzのアンテナは給電点が屋根の位置にあり，平らな屋根がちょうどラジアル風になっており，アースと流した手スリは鉄骨で屋根とつながっていますから理想的な接地型アンテナになっているのかもしれません．

　21MHzでは下の部分はあまり有効に働いているとは思われませんが….

　どちらかいうとイチかバチかで作ったアンテナで，緻密な計算やデータに裏づけられたものではありません．アンテナ・アナライザなどを使った正確なデータや調整方法などお届けできないことをお詫びします．

　最後にいつもご助言いただいているOMに，この場を借りてお礼を申しあげます．

《参考文献》
- アンテナ製作マニュアル，別冊ラジオの製作，電波新聞社．

2-2　TVアンテナのステー線を利用　21MHz 1λループ・アンテナ
（1995.6）

JA1TKA　小谷 武福

　アマチュア無線のアンテナは高く大型のものが高性能なので，狭い敷地に無理をして建てている人も多いと思います．

　これは，ご近所の方から見れば何の利点もなく，地震や台風を考えると内心では，ないほうが望ましいと思っていても，口に出して言わないといった雰囲気があるかもしれません．

　今回，住宅地で開局する友人のために，これらに配慮したアンテナを製作しました．

　目標として，
- ご近所に違和感を与えない
- TVIなどインターフェアや受信時の雑音が少ない水平偏波とする
- 地上高が低くてもDX向きに低放射角度の電波エネルギーが多いもの
- 特殊部品を使用せず調整も容易
- 安価で"無銭家"向き
- 将来マルチバンド化できること

などについて検討した結果，図2-2-1のような，TVアンテナのステーをエレメントとして兼用する21MHz用1波長ループ・アンテナとしました．

製作するアンテナの特徴

●外見の工夫

　TVアンテナのステーにガイシを入れ，ステーの一部をアンテナとして兼用しますので，ご近所からはテレビのアンテナにしか見えません（写真2-2-1）．

●アンテナの特徴

　1波長ループ・アンテナはキュビカル・クワッド・

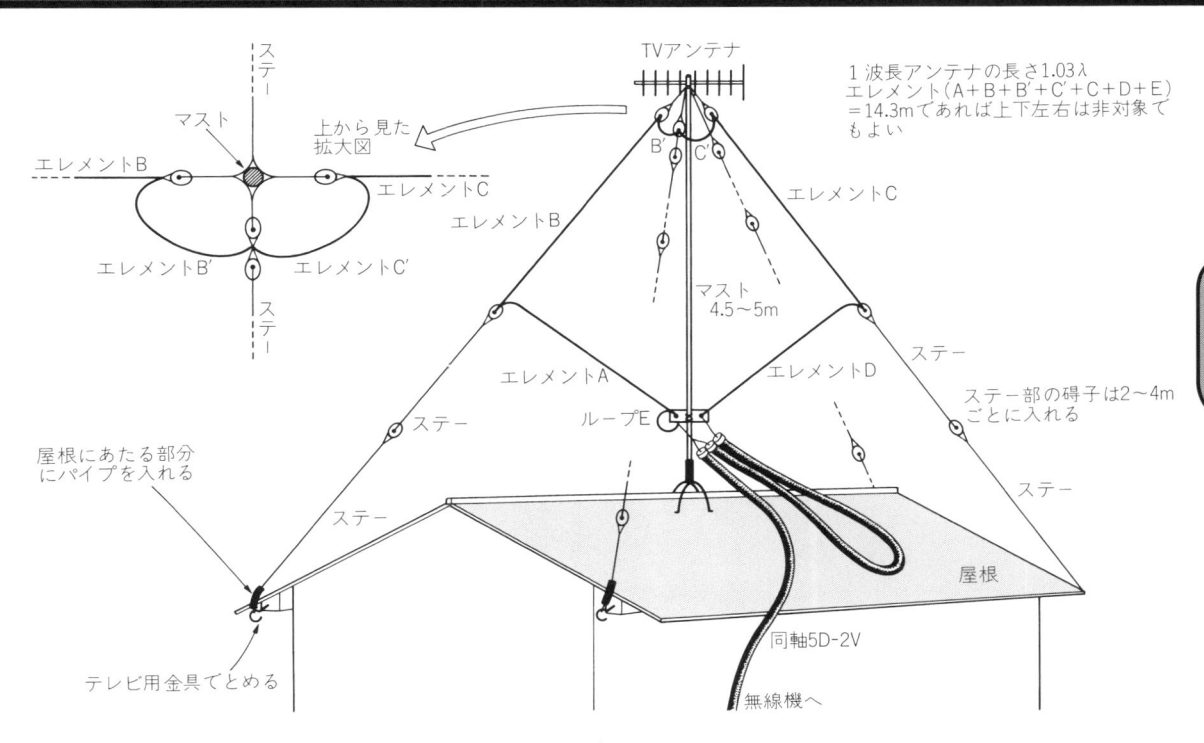

図2-2-1 TVアンテナのステーを利用した21MHz 1λループ・アンテナ

アンテナの放射器のみをアンテナとして使用したもので，概念的には**図2-2-2**のように上下二つのダイポール・アンテナが先端でつながったスタック・アンテナと考えることができます．

上下スタック・アンテナはキュビカル・クワッド・アンテナのように電波の低放射角度のエネルギーが多く，利得は少なくてもDX通信向きで，かつバンド幅も広い特徴があります．

● **給電の特徴**

TVIなどインターフェアが少ない水平偏波となるように給電します．

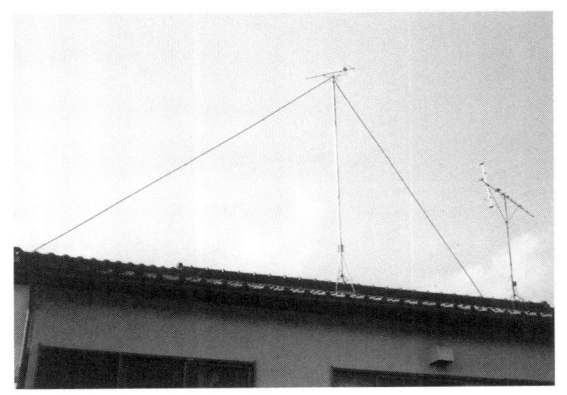

写真2-2-1 TVアンテナのステーにしか見えない本アンテナの外観

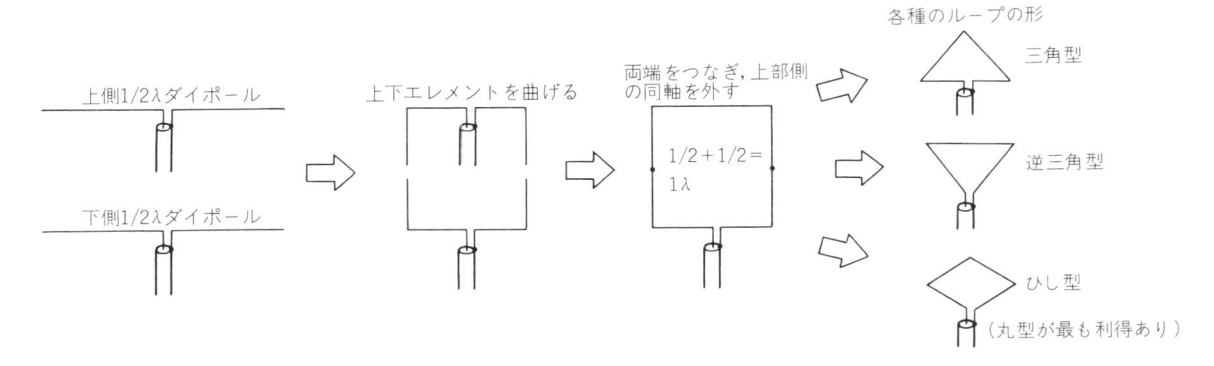

図2-2-2 1λループ・アンテナの概念

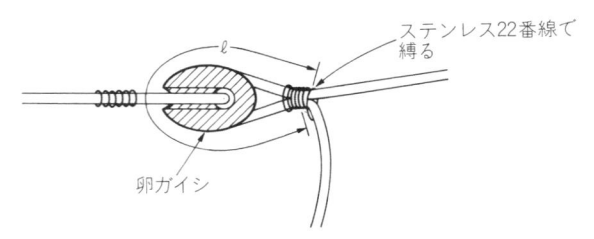

図2-2-3
1λループの入力インピーダンス（アンテナ線径／円の半径＝∞のとき）
（CQ出版社：アンテナハンドブックより）

図2-2-4 ガイシのループ部 ℓ はエレメント長に加えない

減少するので，そのロスは0.2dB程度と，ほとんど無視できます．

市販のモービル・アンテナのエレメントはステンレス製ですし，表面が酸化する裸銅線と高周波的には遜色がないかもしれません．

とにかく丈夫なので断線事故の多いクワッド系のアンテナに向いています．

アンテナ・エレメントの製作と調整

1波長ループ・アンテナは両端が互いにつながっているため終端効果がなく，図2-2-3のように1.02～1.03波長のときリアクタンス分が0となる特性がありますので，21.3MHzを中心とした1波長ループ・アンテナの全長は次のように算出します．

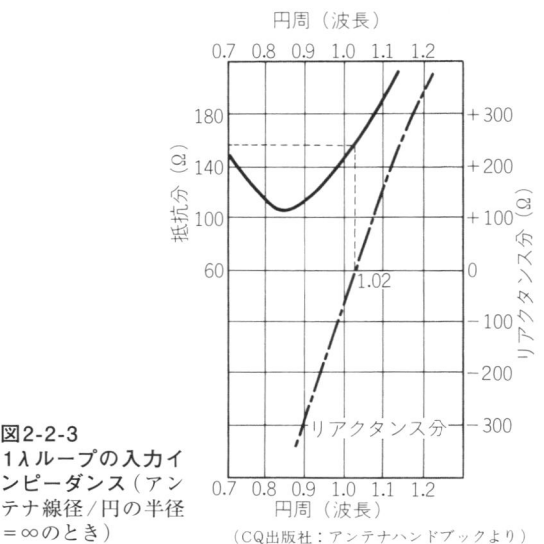

自由空間の電波速度は30万kmですから，

$$(300 \times 10^6) \div (21.3 \times 10^6) = 14.08\text{m}$$

これに1.02をかけて14.36mと求めます．

まず図2-2-4のようにガイシの中でターンしている部分を除き，ループ全長を14.2mとします．給電点の近くで図2-2-1のループEのように10～30cmの調整用のループを作り，建設後この部分の長さでSWRが1.5以下になるよう調整します．

同軸からの芯線長を含め，最初から14.3mとしても，おおむねSWRは1.5程度となるので，無調整のままでもOKです．

上下左右の辺の長さはある程度非対象でも問題ありません．私のものは支柱が短く変形ひし形となっています．

給電部の製作

アンテナと同軸ケーブルのインピーダンスの整合と平衡～不平衡変換のため図2-2-5，図2-2-6に示す½波長ライン4：1バランを同種の同軸ケーブルで作ります．迂回ラインの長さは同軸の編組線部分を含め½λ×0.67（5D-2Vの短縮率）です．給電部の防水は自己融着テープで十分に行います（**写真2-2-2**）．

材料

アンテナの支柱はテレビ用の鋼管で十分ですが，今回は4.5m長のステンレス巻きの物干し竿を使用しました．アンテナへの影響を防ぐため支柱の中間ステーを張りませんので，テレビ用の鋼管を使用するときは，やや太めのものがよいでしょう．

鋼管を連結したときは腐食防止のため連結金物を塗装します．なお，管の先端は雨が入らないようにフタをします．

屋根馬もテレビ用で十分です．ガイシは万一破壊した際にもステー線が切れない結び方ができる卵ガイシを使用します（波形ガイシでは破壊するとアンテナが倒れる）．

アンテナ・エレメントおよびステー線は強度を優先し，ステンレスの16番線を使用しました．金物店で30m/1,500円程度の値段です．

銅線より若干抵抗の多いステンレスをアンテナ線に用いることを，心配する人がいるかもしれませんが，アンテナ・インピーダンスが電流腹の給電点でも150Ω程度で，給電点から離れるにつれて電流は

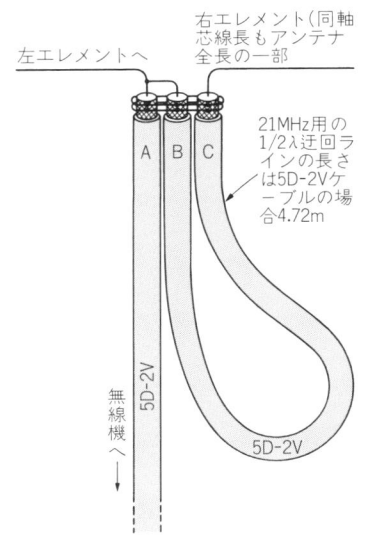

図2-2-5 ½λ迂回ライン4:1バラン 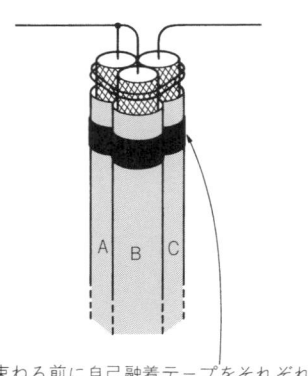　　図2-2-6 実際の給電部の束ね方

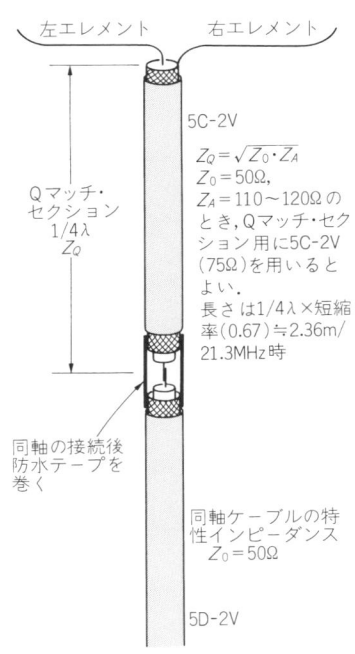

図2-2-7 Qマッチの整合方法

いのですが，どのようなアンテナでもバンド幅全体で完全整合できず，同軸ケーブル上に若干の定在波が残るので，できれば½波長×短縮率の整数倍の長さで使用します．

この長さの利点は，アンテナの給電点に近似した状態なので給電点のSWRの近似把握ができるほか，リアクタンス分も少ない点なので無線機との整合も良くなり，回り込みトラブルなども少なくなります．

写真2-2-2 給電部のようす

5C-2Vなど75Ω系同軸ケーブルを用いたQマッチ整合方法（図2-2-7参照）もあります．平衡～不平衡変換機能がなく，やや帯域幅も狭くなりますが，使用上の問題は少ないでしょう．

給電部の板は樹脂のまな板や車の樹脂バンパー，油に潰した木板など，絶縁物であれば何でもかまいません．

ステンレス線と銅の同軸ケーブル芯線の接続はステンレス用フラックスを使用しはんだ付けする方法がありますが，圧着や，多数回ひねり接続をして自己融着テープで防水しただけでも十分です．

無線機までの同軸ケーブルは理論的に任意長でよ

調整と運用結果

建設後の無調整でSWRは1.5でループEを若干調整したら図2-2-8のようになりました．運用は短時間ですが，オーストラリアやフィジーなどには軽く電波が届きます．低放射の電波エネルギーが多いためか，地表波もダイポールより延びます．

テレビの隣に無線機があるため，テレビ用のケーブルと無線の同軸ケーブルが平行していますが，テレビへの影響は少しでした．今後，テレビの入力側にコモン・モード型ハイパス・フィルタを入れる予定です．

50MHzエレメントの追加方法

21MHzループ・アンテナの内側に50MHz用として1波長ループ（中心周波数50.5MHzのときは

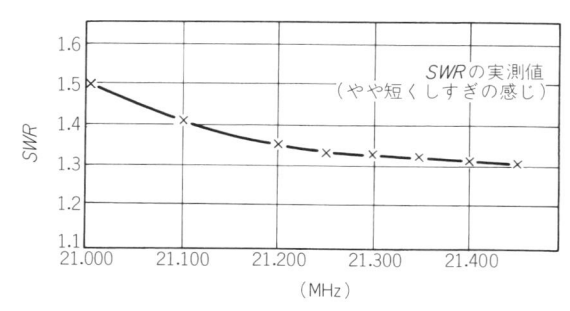

図2-2-8 製作したアンテナのSWR特性

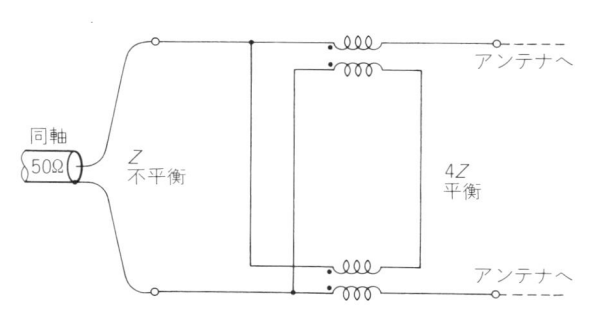

図2-2-9 トロイダル・コアによる4:1バラン

FT-82#61コアに0.8φエナメル線でバイファイラ巻き8回、同じものを二つ作り、結線する

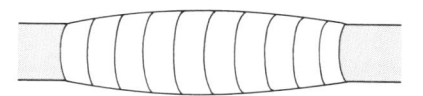

図2-2-10 同軸ケーブルのつなぎ方

① 同軸の中心導体をはんだで接続する（芯線に網線の1本を巻きつけはんだをひく）

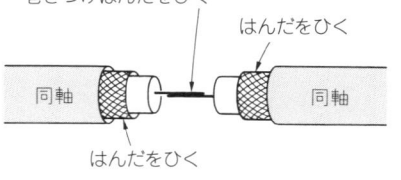

② 編線相互を銅板で接続、中心導体との間にポリエチレンを押入する

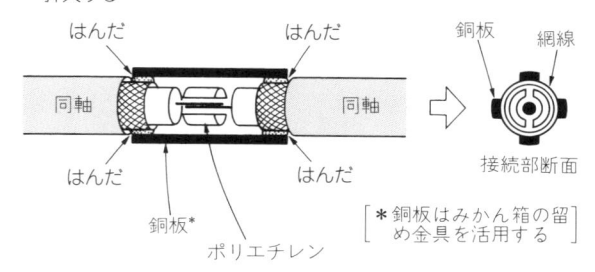

[*銅板はみかん箱の留め金具を活用する]

③ 自己融着絶縁テープ（エフコ・テープ）を重ね巻きする

6.12m）を作ります．50MHzループは21MHzループと同一面でも90度ずれれば問題ないので，21MHzで使っていない側のステー線を使用するとよいでしょう．

無線機までの同軸ケーブルを共用する場合は½波長迂回ラインやQマッチを用いずトロイダル・コアの4:1バランを使用します．4:1バランは市販品がないので，**図2-2-9**のように2個のフロート・バランを組み合わせて自作します．

参考

〝無銭家〟なので，ローカルからもらった短尺の同軸ケーブルをつないで使用しました．

同軸の接続には一般に中継コネクタを使用しますが，M型コネクタはインピーダンスが正しくないことと，高級品でないと経年変化で接触不良が生ずることなどから，**図2-2-10**のようにダンボール箱の銅の留め金具を利用して接続します．

短く作れば，M型コネクタを使うよりインピーダンスのあばれが少なく，VHFでも良好に使用できます．Qマッチで5C-2Vと5D-2Vを接続するときもこの方法が安価です．

発展編 ～後日談～

上記の記事を見た読者の方から「小さな屋根では記事のようにTVアンテナのステーを広げられず，1波長のループが作れない」との質問がいくつか寄せられました．

このような場合の改良方法を紹介しておきます．

1波長のスペースが取れない場合は，**図2-2-11**のようにループの一部を折り返して小型化を図ります．ループの折り返しは電流腹で行う方法と**図2-2-11**のように電圧腹で行う方法がありますが，いずれも上部半ループ分と下部半ループ分が均等となるように折り返しを作ります．

ループ・アンテナはループ内の面積が大きいほど効率が良いので，折り返し部分の長さは可能な限り少なくします．短縮コイルでループを小さくする方法もありますが，上下バランスした部分へのコイル挿入，コイル自身の損失，雨天時のインダクタンスの変化などを考慮すると，折り返すほうが容易です．

なお，折り返しによりアンテナとして働く部分が短縮されるため，給電点のインピーダンスは低くなります．このため50Ωの同軸ケーブルで給電するときはQマッチで整合させる方法がベターです．

CQ ham radio

アマチュア無線
[HF/50MHz 帯]

ISBN978-4-789-81647-2
C3055 ¥2200E

売上カード

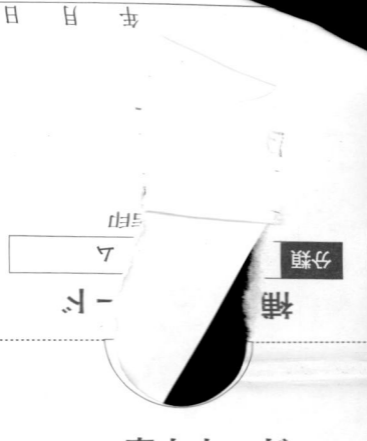

書　名	発行所
アマチュア無線のアンテナを作る本[HF／50MHz編]	**CQ出版社**
	著　者
	CQ ham radio 編集部 編

定価：本体2,200円＋税

ISBN978-4-7898-1647-2　C3055　¥2200E

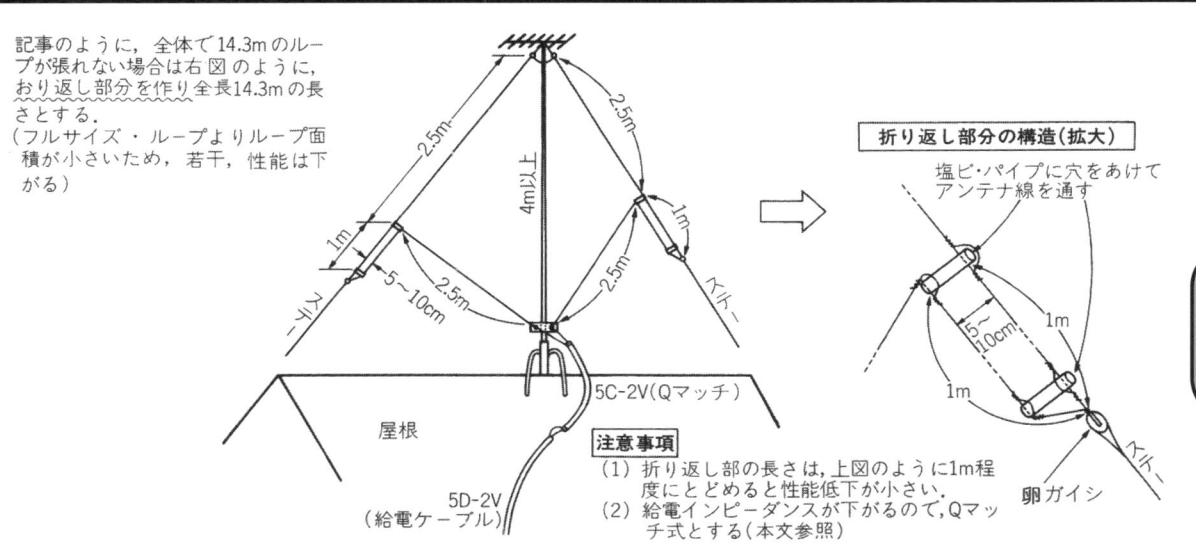

記事のように，全体で14.3mのループが張れない場合は右図のように，おり返し部分を作り全長14.3mの長さとする．
（フルサイズ・ループよりループ面積が小さいため，若干，性能は下がる）

図2-2-11　小型化のアイデア

なお75Ωの同軸ケーブルで直接無線機まで引き込んでも，大きな問題はありません．

SWRが高い場合は給電部の余長を左右均等に増減し調整します．HF帯では，SWRが2以下ならば同軸での損失は少なく，特に問題はありません．

《参考文献》
- 角居洋司，吉村裕光；アンテナ・ハンドブック，CQ出版社．
- 日本化学会：化学便覧基礎編ⅠⅠ，丸善．
- 山村英穂：トロイダル・コア活用百科，CQ出版社．
- 大山，森田，吉武；ステンレスのおはなし，日本規格協会．

2-3　安価に作れてよく飛ぶ　21MHzクワガタ・アンテナの製作
（1995.11）　　JA1TKA　小谷 武福

「クワガタ」の名前の由来

メーカー製に匹敵する多機能高性能な無線機を低コストで自作することは困難な時代になりましたが，アンテナは自作品でもメーカー製に劣らぬ高性能なものを安価に製作できます．

今回，これまでメーカー製の21MHz用½波長垂直アンテナを使用していた知人のために，低コストで建設でき，飛びが良く，受信時の雑音が少ないループ・アンテナを製作しました．

このアンテナはキュビカル・クワッドなどループ・アンテナの一つであるデルタ・ループです．八木アンテナなどは十分な地上高がないと本来の性能を発揮しませんが，ループ・アンテナは適当な高さでも遠距離に飛ぶ特徴があるので，昔から多くのDXerに愛用されています．

このアンテナの名前は写真2-3-1のようにクワガ

写真2-3-1　クワガタ・アンテナの全景

タ虫のツノの形をしていること，キュビカル・クワッドの放射器と同機能であることなどから，双方をモジッて仮称「クワガタ・アンテナ」と名付けました（逆おむすび型にも見える）．

このアンテナの特徴

　エレメントを支えるアーム部にグラス・ファイバの釣竿を用い，竿先のしなりで上部両角部をゆるやかな曲線状とし，これまで鋭角としたときに風の揺れなどで発生する，エレメント角部の金属疲労による降伏断線を防ぐことにあり，ここが本アンテナのミソです．

　また，エレメント導体に，銅より強いステンレス線を用いることで切れにくいエレメントとしている，無調整でもバンド内のSWRが1.5以下となる，などの特徴を持ちます．

おもな材料

● 磯釣り用釣竿

　エレメントの形を作る材料として5.4mのグラス・ファイバかカーボン・ファイバの磯釣り竿を2本購入します．釣り具量販店のバーゲン品（1本2,000～3,000円：値段は筆者が購入時に払った金額，以下同様）のもので十分です．

● ステンレス線

　エレメントに使用するほか，支持板に竿を縛るため，ステンレス20番線を25m（600円），またエレメントを竿に止めるためステンレス22番線を10mほどホームセンターなどで求めます．

　ステンレス線は銅線より耐候性が優れ丈夫で切れにくい利点がありますが，電気抵抗が大きい欠点があります．

　細い竿先でエレメント水平部の重量と風圧を支えるため，線径が1mm程度のステンレス線を使用しますが，同径で強度と耐候性があり低抵抗の線材があればベターです．

　ステンレスの抵抗分はアンテナのインピーダンスに比べれば小さい値なので気にするほどではないでしょう（市販のモービル・アンテナもステンレス製）．どうしてもこの抵抗が気になる方は，竿の太い部分に沿ったエレメントをエナメル銅線などにしてもよいでしょう．

● 支持板

　釣竿を支える支持板として今回は厚さ25mm，縦20mm，横30mmのむくの木板を使用しました．造船所などからFRPの切り落とし板が入手できれば最高です．台所用の樹脂のまな板でもよいでしょう．

● その他

- 5C-2V同軸ケーブル　2.35m + α
- Uボルト2組
- 自己融着テープ（エフコ・テープ），ペンキ

製作

　図2-3-1が全体のようすです．以下，各部分を説明します．

● 釣竿の細工

　釣竿を繰り出し，接続部に瞬間接着剤をつけ，さらに水が入らないよう自己融着テープを2回ほど巻きます．竿の根元に水抜き穴をあけます．竿は5.4mのまま切らずに先端まで使用します．釣り糸ガイドは使用しません（将来マルチバンド化のときに使用）．

● 支持板の工作

　マスト固定Uボルト用の穴，釣竿縛り用の穴をあけます．竿はUボルトで締めず，ステンレス20番線で縛ります．この方法が竿にやさしく，安価で丈夫に締め付けられます．二つの竿の角度は70～75度とします（写真2-3-2）．

　支持板に木坂を使用した場合は耐候性を高めるため，穴をあけた後に，数日間古いテンプラ油に浸けるかペンキで十分に塗装します．

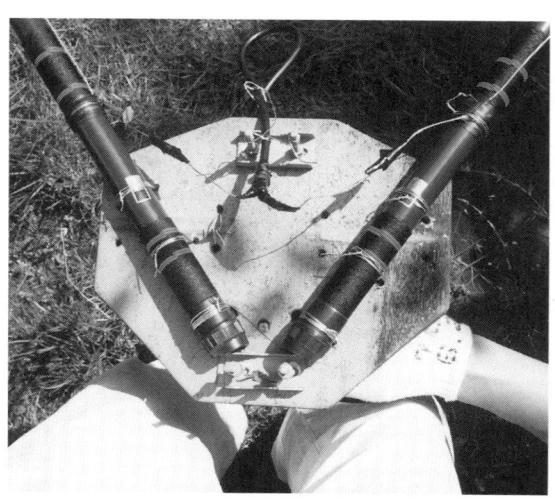

写真2-3-2　釣竿を支持板に締め付けたところ

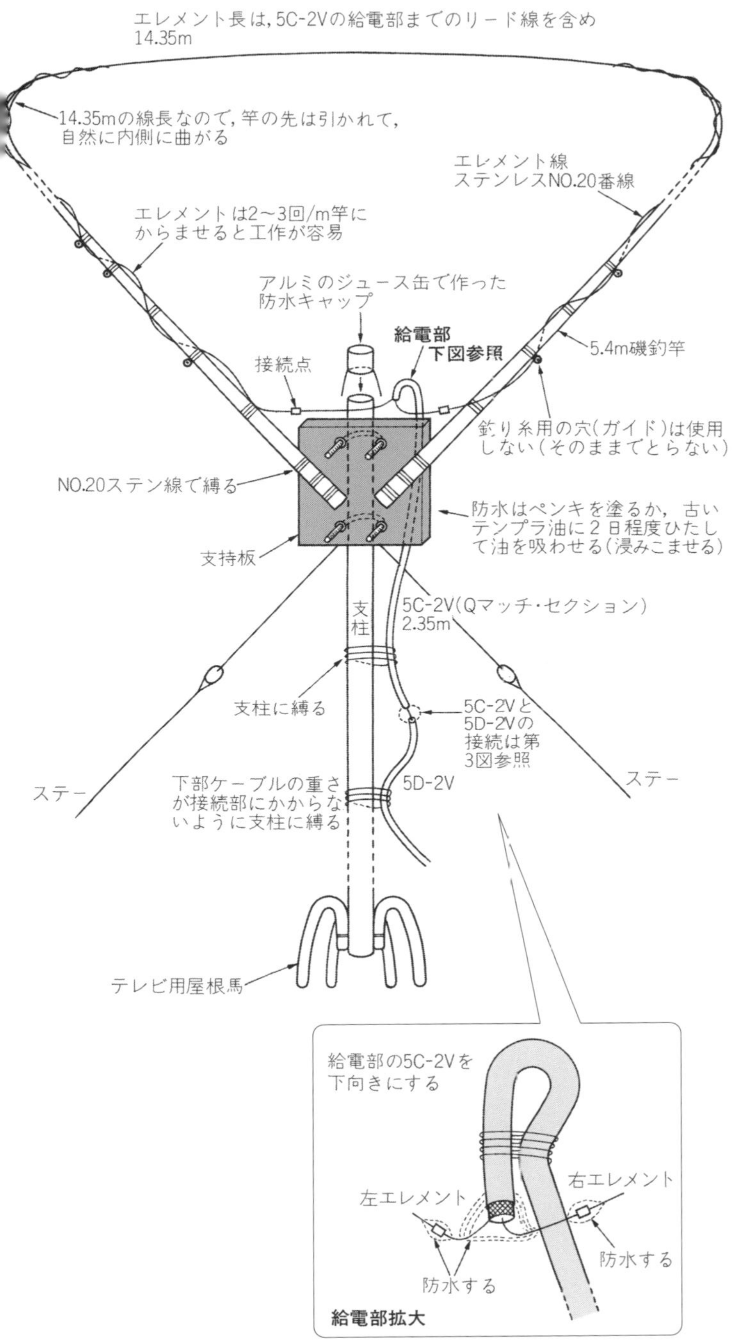

図2-3-1 クワガタ・アンテナ全体の組み立て図

● アンテナ・エレメント

エレメントの全長はループ・アンテナの場合，1波長より2％ほど長くします．すなわち，21.3MHzを中心周波数とする場合，

$$(300 \div 21.3) \times 1.02 \fallingdotseq 14.36\text{m}$$

とします．この長さには給電部の同軸を芯線と編組線に分けた部分の銅線長も含みます．クリティカルではないので，14.3mの長さにすれば無調整で21MHzバンド内のSWRは1.5以下となります．

エレメントの釣竿への沿わせ方は，竿の基部に近い部分は1m当たり1回，竿先になるにつれて3〜4回ほど竿に巻き付けると，完成後，竿全体に均等な力がかかります（釣り糸用ガイドは使用しない）．

まず片側の竿の根元から50cm間隔に，先端部は間隔を狭めてステンレスの22番線で竿に固定していきます．片側の先端まで終了したら，逆側の竿にラフに必要回数分を巻き付け，根元から同様に固定していきます．

この手順で進めれば，竿の長さが5.4mなので作業が進むにつれて竿先が内側に曲がります．

● Qマッチ・セクション

アンテナの給電点のインピーダンスは高さや周辺条件で変動しますが，110〜140Ωなので，50Ωの給電ケーブル（5D-2V）との間にQマッチ・セクションとして，1/4波長分の長さの75Ωの同軸ケーブル（5C-2V）を入れます．

1/4波長の長さは同軸の短縮率を67％とすると，

$$\frac{1}{4}\lambda \times 0.67 \fallingdotseq 300 \div 21.3 \div 4 \times 0.67$$
$$\fallingdotseq 2.35\text{m}$$

となります．

Qマッチ・セクションの長さは5C-2Vが同軸ケーブル状態部分の長さ，すなわち編組線を被っている部分の長さです．給電部で芯線と編組線がわかれた部分はアンテナ・エレメントの一部とみなしますので，この部分は含みません．

Qマッチ用5C-2Vと給電用5D-2Vとの接続は，前項の「21MHz1波長ループ・アンテナ」の方法がベストですが，ここでは別の接続方法を紹介します（図2-3-2）．この方法でも性能的にはまったく問題はありません．

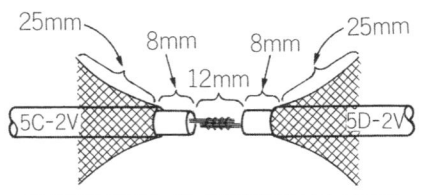

① 編組を逆にめくり,芯線相互をはんだで接続(編線の細い銅線で芯線を縛りはんだを流す

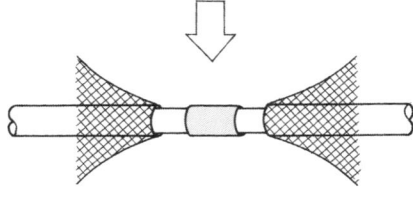

② 接続した芯線部に自己容着テープをポリエチレンと同じ直径になるまで巻く

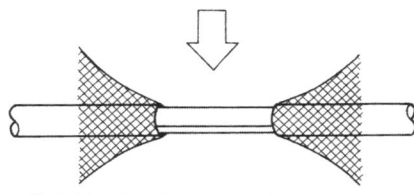

③ 名刺などの紙をサイズに合わせ切り,1.5回巻きつける

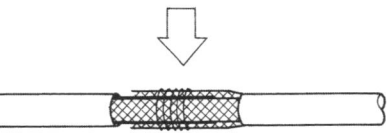

④ 編線を相互にかぶせ,細い銅線で仮止めし,はんだを流す

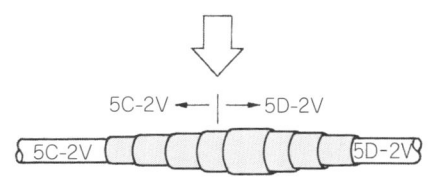

⑤ 自己融着テープで十分に防水し,完成

図2-3-2 Qマッチ・セクションの同軸ケーブルのつなぎ方

この接続工法のミソは編組線相互を接続する前に,名刺などの紙を巻き付ける作業です.この紙巻きにより,編組線相互を接続するときにはんだで熱し過ぎて編組線が芯線とショートするミスを防ぐことができます.ただし,接続がラフなので下部側ケーブルの重さが接続部に加わらないよう支柱に固定します.

● エレメントと同軸の接続と防水

Qマッチ用5C-2V同軸ケーブルの給電部側の先端は図2-3-3のように自己融着テープで十分に防水し,さらに先端部を折り曲げて下向きにします.

同軸の芯線とエレメントの接続は,ステンレス用はんだか圧着金具で接続するのがベストですが,多数回よじる接続方法でも特に問題はありません.いずれの方法も接続部は写真2-3-2のように自己融着テープで防水します.

建 設

このアンテナは非常に軽いので,φ38mm長さ3.4mのパイプを支柱にしてTV用の屋根馬に乗せました.上部ステーはアンテナへの影響を考慮し樹脂製を使用しました.金属線をステーに使用するときは,2~3mごとに卵ガイシを入れて影響を少なくします.また支持板を支柱に固定するUボルトは締め付け後,ペンキで防錆します.

万一,SWRが悪いときは同軸ケーブルの接続部で芯線と編組線がショートしている,エレメント近辺に電線やトタン板など金属物があるなどの理由が考えられます(SWR特性は図2-3-4).

マルチバンド化への発展

キュビカル・クワッドと同様に21MHz用ループの内側に他バンドのループを逆三角型に張ります.ループ長は21MHzと同様に算出します.

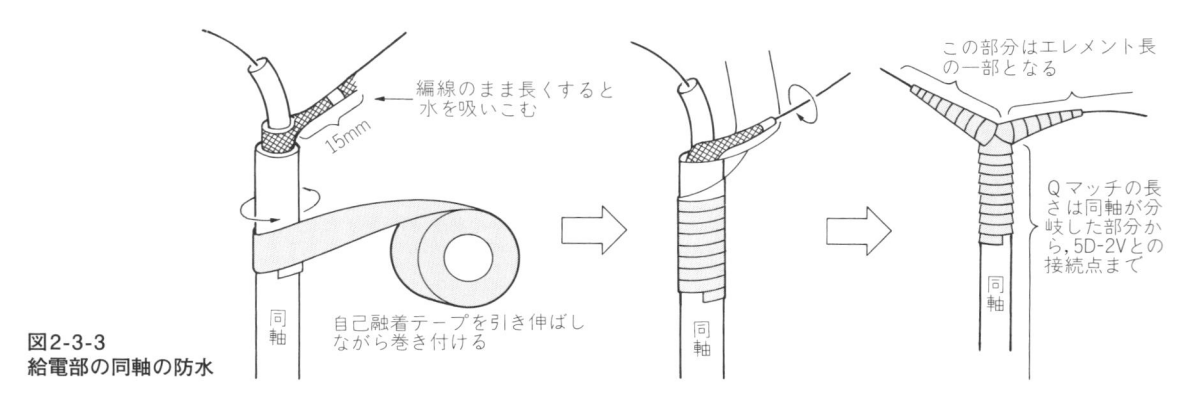

図2-3-3 給電部の同軸の防水

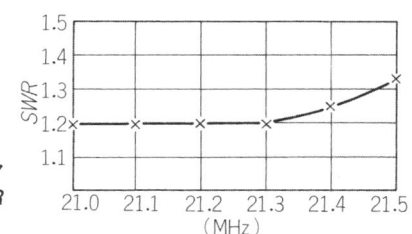

図2-3-4 クワガタ・アンテナのSWR（無調整）

内側ループの張り方は，上部両角部をφ2mm程度のテトロンの釣糸で竿のガイドへ図2-3-5のように吊り上げます．二つのループを1本のケーブルで給電するにはトロイダル・コアの広帯域インピーダンス変換器が必要ですが，2バンドであればおのおのQマッチを作り，別々の同軸ケーブルで給電するのが容易で安価でしょう．

また，図2-3-5のように支柱上部を少し上に出し144/430MHzの垂直アンテナを併設しても問題ありません．

あとがき

このアンテナはループ面の前後に水平偏波の電波を発射します．

では，サイド方向には飛ばないかというと，HFではさまざまな所に発生する電離層により順方向だけでなく，横方向や逆方向へも若干反射しますので，結果的にサイド方向の局とも交信ができます．したがって，必ずしもアンテナを回転させる必要はありません（回転できればベター）．

回転しないときは南北に電波が飛ぶよう固定しておけば，大部分のDXエリア向けとなります．

このアンテナを建てるまで，友人は遠距離向きは

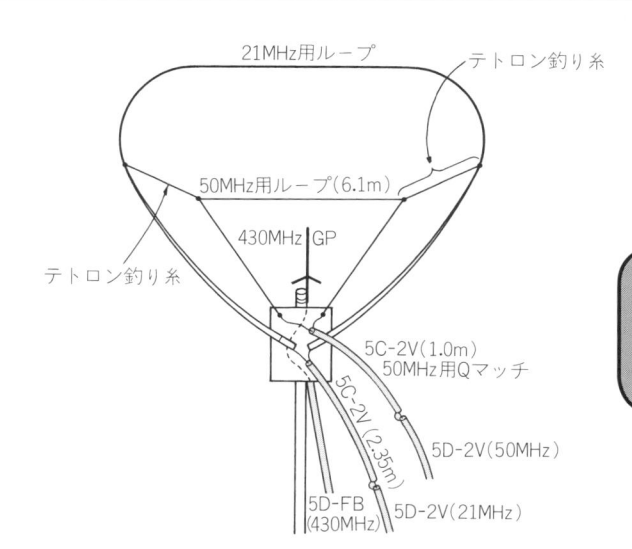

図2-3-5 マルチバンド化する方法

打ち上げ角が低い垂直アンテナが良いとの理論を基に，長年，垂直系を使用していました．

理論のように大平原に建てるわけではなく，近所に建物があるところでは若干打ち上げ角度のあるほうが，まわりの物体に電波が吸収されず効率的です．さらに水平偏波となるのでTVなどへのインターフェアや受信時の雑音も少なくなる利点があります．

この設計で2局が建設しましたが，両者とも無調整のままでで良好なSWRが得られました．

《参考文献》
- JAITKA；21MHz用1λループ・アンテナ，CQ ham radio，1995年6月号，CQ出版社．
- 大山，森田，吉武；ステンレスのおはなし，日本規格協会．

2-4 50MHz用 3A（スリー・アロー）デルタ・アンテナの製作
（1994.7）　JH3IIP　山口 隆彰

3Aデルタ・アンテナとは

図2-4-1を見てください．電磁波は導体から直角に飛び出し，しかも互いが交わらない性格のために，三角形の空中線では鋭角部分を通過する際にバイパス導体を作ります．底辺から給電した正三角形では，3カ所からバイパス導体が現れることになります．しかも1波長動作のときにはバイパス導体が互いに引き合って中央により集まり，非常に安定した三つの矢の形（スリーアロー）を形成すると考えられます．外観は写真2-4-1のようになります．

50MHz 3Aデルタの製作

山歩きのじゃまにならない軽いアンテナということで，部材に釣竿を使いました．4段継ぎの下3段で260cmある，渓流釣りの細いグラス・ファイバ製です．

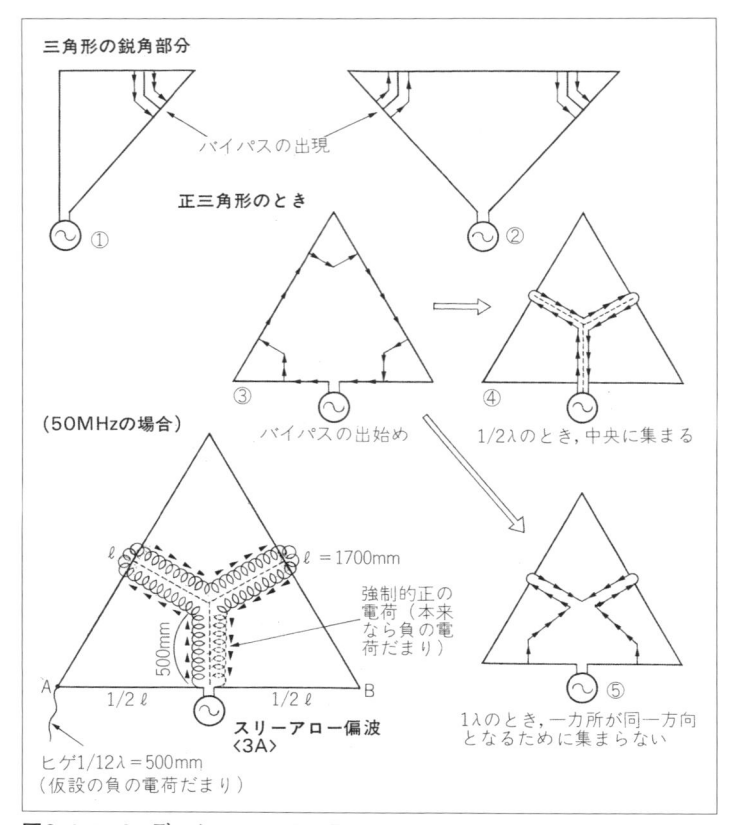

図2-4-1 3Aデルタ・アンテナの原理

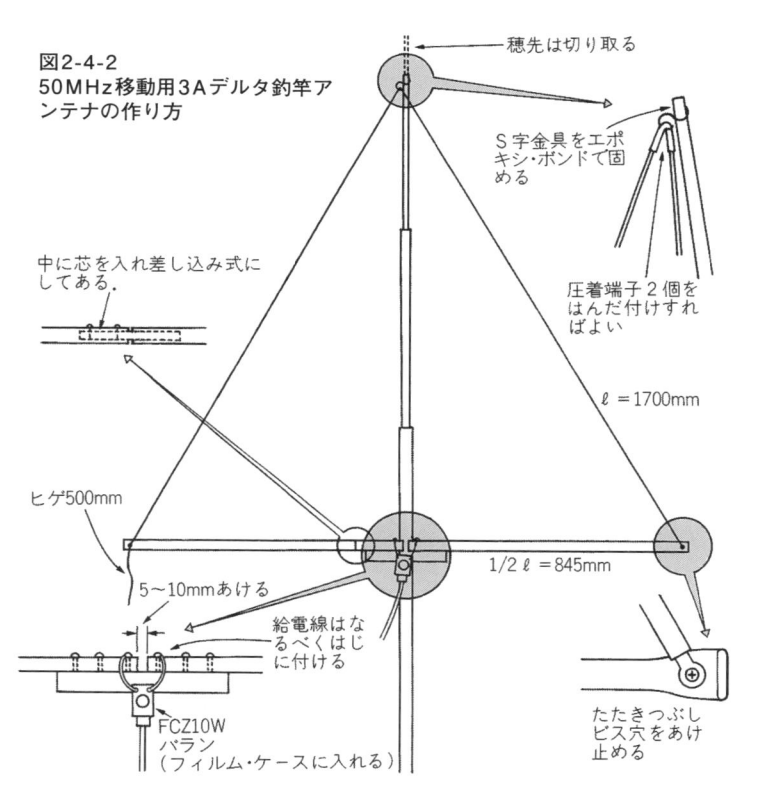

写真2-4-1 3Aデルタ・アンテナの外観

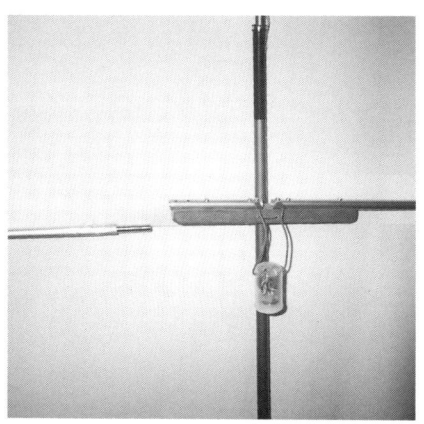

写真2-4-2 50MHz用給電部および差し込み式に改良したところ

図2-4-2 50MHz移動用3Aデルタ釣竿アンテナの作り方

　構造と寸法は**図2-4-2**を参照してください．最上部にS金具をエポキシ系ボンドで付けます．φ1.5mmのステンレス・ワイヤの両端に圧着端子を付け，S金具に挟みこみます．

　φ12mmのアルミ・パイプの端をたたきつぶし，φ3.5mmの穴をあけ，下に垂らした端子をビス止めします．2cm角で長さ20cmの材角はパイプに合わせてU字に彫刻刀で彫り，竿にくくり付ける針金を通す穴2個は横からあけます．

　パイプ2本の間は5～10mm離してつぶさないようにビス止めし，端から10mm以内にバランを付けます（**写真2-4-2**）．

私はFCZ研究所のバランを使いましたが，シュペルトップなど50Ω平衡給電用なら何でも使用できます．

各辺は中心周波数より求めた計算値よりやや短めに完成させ，ここでのSWRは2.0～3.5くらいになりました．SWRは頂点ABに50cmずつ付けたヒゲを切りつめ1.5まで追い込みました．

このアンテナで，大阪府交野市の旗振山（345.1m）で2時間ほどQRVし，22局と交信しました．

以前使っていたフォーク・ヘンテナと比較して，大きさは同じくらいですが3割ほど軽く，利得は5割程度アップしたようです．ただし，測定器で測定したものではなく私の感じた数値です．

2-5 29MHzワイヤ型ヘンテナ
簡単アンテナ製作ヘンテナを作ってみよう
（2000.9）

JG1FPO　青木 稔

普段静かな29MHzのFMバンドもコンディションが上がってくると，いろいろなお国の言葉も聞かれ，夜中までにぎやかです．

Eスポ伝搬ではモービル・ホイップなどのアンテナで十分楽しめますが，もう少しゲインが欲しい場合があります．

固定ではV型ダイポールやGPアンテナの選択もありますが，ここではゲインもあり安価で移動運用にも使用可能なワイヤで作るヘンテナを製作してみました．

ヘンテナについては過去にも幾度も紹介されていますように，簡単な構造であるにも関わらず，利得が大きく，ループ系のアンテナの特徴である打ち上げ角の低さを利用した遠距離の交信ができるなど，たくさんのメリットがあるアンテナです．

製作

エレメントにはメッキ線を使用しましたが，移動運用や1シーズンだけの短期使用でしたら14～16番くらいのビニル線でもかまいません．

ただしビニル線の場合，温度変化や展張のときの引っ張る力の具合により伸びて，共振点が変化することがありますので事前に考慮した寸法にしておきましょう．

全体の構造は図2-5-1をご覧ください．エレメント両端の保持には塩ビ・パイプ（VP13）とナイロン・ロープを使います．

なお，エレメント保持の塩ビ・パイプの押さえる

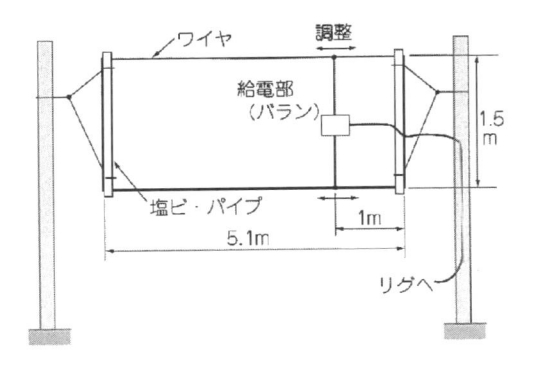

図2-5-1　29MHzワイヤ型ヘンテナの全体構造

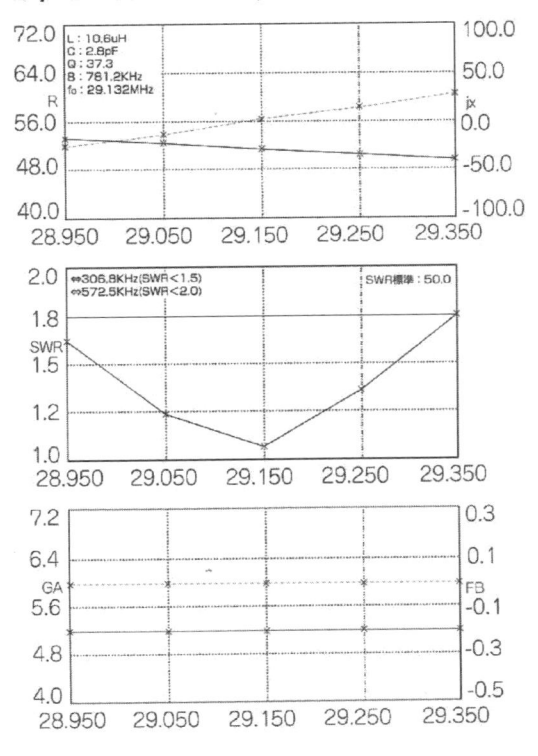

図2-5-2　MMANAでのシミュレーション結果

張力をかける位置を中心からずらすことで塩ビ・パイプが垂直になり，垂直偏波となります（ハンモックが縦になった状態）．給電は市販品のバランにより行っています．

調整

2本の柱の間にアンテナを張り，給電部を左右に移動させてSWR値を1.0に近づけて調整は終了です．MMANAでシミュレーションした特性を**図2-5-2**に載せておきます．

本アンテナは6m以上のスペースが確保できれば設営可能です．

ヘンテナの指向性は，ダイポールと同様に，張ったエレメントに対してまゆ型に似た8の字型となります（**図2-5-3**）．

ほかのHFバンドにも適応できそうですが，中央部のたるみが大きくなってしまうので，何らかの対策が必要と思われます．

図2-5-3 MMANAによるヘンテナの指向性シミュレーションのようす

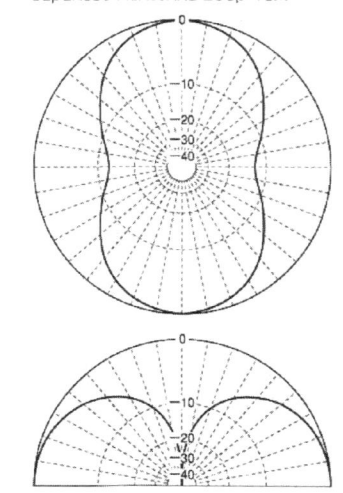

Ga :5.14(dBi)＝0dB（垂直偏波）
Gh :2.99(dBd)
F/B :0.00(dB) 後方：水平120°垂直60°
Freq :29.150(MHz)
Z :51.789+j2.367
SWR :1.06(50.0Ω), 11.59(600Ω)
仰角 :0.0°（自由空間）

2-6 ホームセンターの材料だけで作った 50MHz用ヘンテナ
（1998.1）

JJ3NTI 悦 博志

ヘンテナは近くのホームセンターにある材料で自作できるアンテナです．大阪南河内ヘンテナ愛好会・講師JA3XYM 高橋OMのテキストをもとに，相当する材料をホームセンターで購入し，加工と組み立ての簡単さを考慮して製作してみました．

支柱，および移動運用時のスタンド重しも，身近にあるしろものを流用することで軽快にまとめることができました．SWR特性も，50.0～50.50MHzで1.2以下でSSB運用を楽しんでいます．

50MHz用ヘンテナの寸法を**図2-6-1**に示します．エレメントは1辺が9mmで長さ1mの角アルミ・パイプ，直径2mm（φ0.26×37芯）のビニル平行線です．ショート・バーはφ5mmの銅パイプで，両端ははんだ付けします．給電部は「電線ダクトのT型具」を使用することで，十分な強度を得ることができました（**写真2-6-1**）．また同軸ケーブルの取り付け，取りはずしも容易です．

支柱には**写真2-6-2**の2段伸縮旗竿ポールを利用（金属）し，先端部のみの固定で，下方は角エレメントに突き当てて伸縮ポールを調整すれば，ゆるむことなくピンと張れます．

移動運用時のスタンドの重しとして，**写真2-6-3**の土木工事のバリケード用の水タンクを代用することで，運搬時は空タンクとなり，軽量化が図れます．

写真2-6-4が移動運用のようすです．

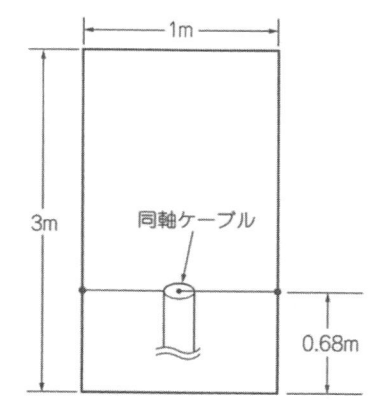

図2-6-1 50MHz用ヘンテナの寸法

写真2-6-1　T型電線ダクトによる給電部

写真2-6-2
2段伸縮旗竿ポールを突き当てる

写真2-6-3
ベースの重しにするバリケード用水タンク

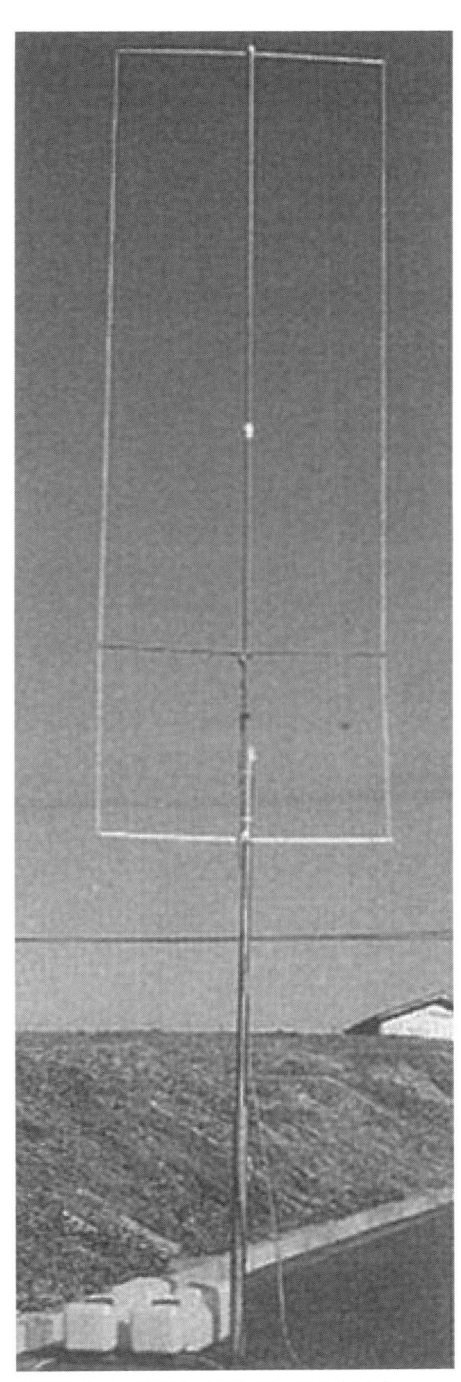

写真2-6-4　完成した50MHz用ヘンテナ

2-7 21MHz 2エレ・ヘンテナの製作

回転半径わずか1.4mでも飛びは本格的

（1995.10）

JA1NFD　斎藤 成一

　サンスポットの最小期を迎え，ゲインが高く，かつ狭い場所でも建てることができるアンテナを製作してみました．その結果，製作／調整が簡単で，思いどおりの性能が得られました．

　このアンテナは，50MHzでよく使われるヘンテナを21MHz用の2エレメントとしたもので，原型のヘンテナより若干変形しています．特徴をまとめると次のとおりです．

① 回転半経がわずか1.4mで，水平投影面積では50MHzの3エレ八木より小さい
② ゲインが高く，DXに有効な低角度放射成分が大きい
③ 製作／調整が簡単
④ 材料費が安価

使用材料

　全体の外観を**写真2-7-1**に，構造を**図2-7-1**に示します．エレメントの横方向はアルミ・パイプ，縦方向はワイヤを使用したループ系のアンテナで，パイプを最小限にして外観の威圧感を減らすとともに，受風面積および重量を減らしました．

　ヘンテナの原型は横方向が1/6波長ですが，21MHzの1/6波長が計算上2.4mとなり，アルミ・パイプの定尺4mでは無駄が多くなります．そこで，この横方向を2mにして定尺4mで2本分のエレントがとれるように変形してみました．

　ラジエータの縦方向ワイヤ部分の長さは1/2波長，そしてリフレクタのワイヤの長さはラジエータより約3%長くしました．したがって，これらのワイヤの長さの差に等しい分だけ縦方向の塩ビ・パイプの長さを変える必要があります．この塩ビ・パイプも定尺4mですので，二つに分割するときに無駄のないように，ちょうどこの長さの差が出るようにしました．材料の一覧を**表2-7-1**に示します．

　アルミ・パイプは，天野アルミニウム（株）[藤沢0466-36-9920／本社03-3832-3331]から購入しまし

写真2-7-1　製作アンテナの外観

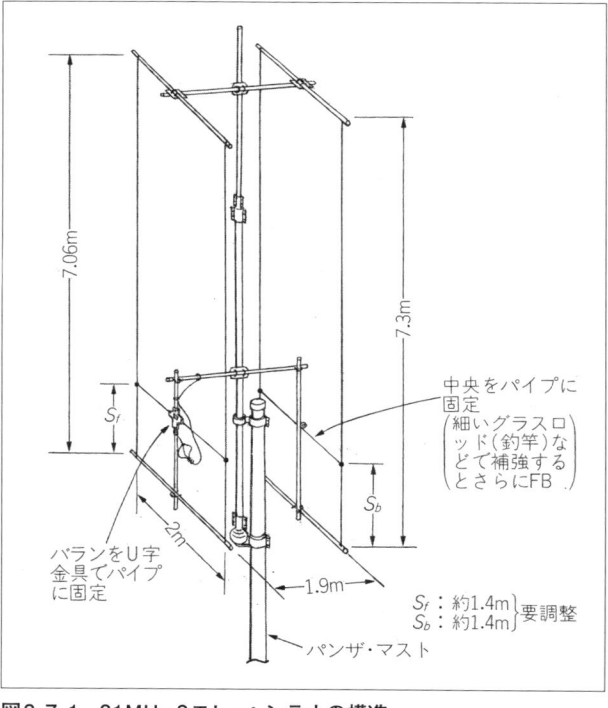

図2-7-1　21MHz 2エレ・ヘンテナの構造

表2-7-1 使用材料

部　品　名	数量	備考
アルミ・パイプ　φ38　4m	1本	ポール継ぎ足し用
φ32　4m定尺(½カットで使用)	1本	ブーム用
φ25　4m定尺(½カットで使用)	1本	エレメント用
ジョイント　　　φ50－38φ	1個	
ステンレス・パイプ　19φ　1.8m	2本	
塩ビ・パイプ　　VP20　4m定尺	1本	
クロス・マウント金具　50φ×φ32	1個	
φ38×φ32	1個	
φ32×φ25	2個	
Uボルト　　φ25用	5個	
グラスロッド(細経，長さ1.2m程度)	4本	(なくても可)
ステンレス・ワイヤ　φ2	30m	
メッキ線(またはホルマル線) φ2	4m	
穴あきターミナル	4個	
1:1バラン	1個	
圧着端子		
同軸コネクタ　　8D-2V用オス	1個	
8D-2V用メス	1個	
ビニル線，デベワイヤ	少々	

た．規格6063Tの丈夫な4m定尺物を小売りしてくれて，DIY店の半分以下の価格で入手できます．

なお，パイプのような細長い物は図2-7-2のように乗用車に取り付ければ，ルーフキャリアがなくても簡単に運ぶことができます．近所の金物屋さんが教えてくれたのですが，意外に知らない方が多いので，参考までに示しました．

塩ビ・パイプとその強化用のφ19mmステンレス・パイプは絶縁をするために使用したのですが，リフレクタの導線との絶縁を行うことができれば，代わりにφ25mmのアルミ・パイプでもよいと思います．

ワイヤはφ2mmのステンレス・ワイヤ(より線)で使用しました．φ1.2～1.6mmでもOKだと思います．ステンレスにしたのは耐久性を持たせるためで，電気抵抗をある程度減らしたかったため太めのものにしましたが，思っていたより，はるかに取り扱いが楽でした．束にしておいてもこんがらかることがなく，同じ太さの銅線より軽くてFBです．価格もDIY店で¥100/m程度でした．これでワイヤ切

れの心配がなくなります．ただし，ステンレス・ワイヤの切断には焼き入れのしてあるスチール専用カッターが不可欠ですので，念のため．

給電導線のステンレス・ワイヤの接続には線材用穴あきの市販ターミナルを使用しました．これを使用することにより，図2-7-3に示すようにこの穴に通したステンレス・ワイヤを自由に動かして適当な場所でがっちり固定できます．なお，ターミナル購入時には，このワイヤが楽に穴に入ることを確かめておく必要があります．

ターミナルによる接続は，はんだ付けに比べ，アンテナを上げてから調整が非常に楽です．また，みのむしクリップに比べてはるかに信頼性が高くなります．

製作

上側のパイプ・エレメントおよびワイヤ部分(図2-7-4)と下側のパイプ・エレメント部分(図2-7-5)を分けて製作し，最後にパンザマストの上で縦方向ワイヤの端を下側のパイプ・エレメントに接続しました．

共振周波数はターミナルを縦方向ワイヤ上を上下させることより変えることができますので，エレメント寸法は比較的おおまかでOKです．ただし，各エレメントの対となる縦方向ワイヤの長さは等しくしておかないと，アンテナを上げたときにいびつになってしまいます．

アンテナを上げる前，接続ターミナルの位置を縦方向ワイヤの下側から$0.1\lambda = 1.4m$のところで仮に固定するとともに，ワイヤに印をつけておきます．そして，ラジエータ側の給電導線の長さを，バランの長さ分も含めて縦方向ワイヤの間隔と等しくなる

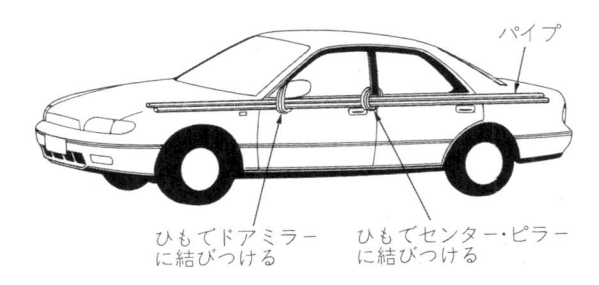

図2-7-2　乗用車によるパイプの運搬方法

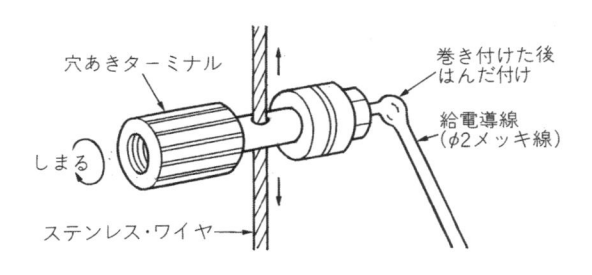

図2-7-3　給電導線ステンレス・ワイヤの接続部

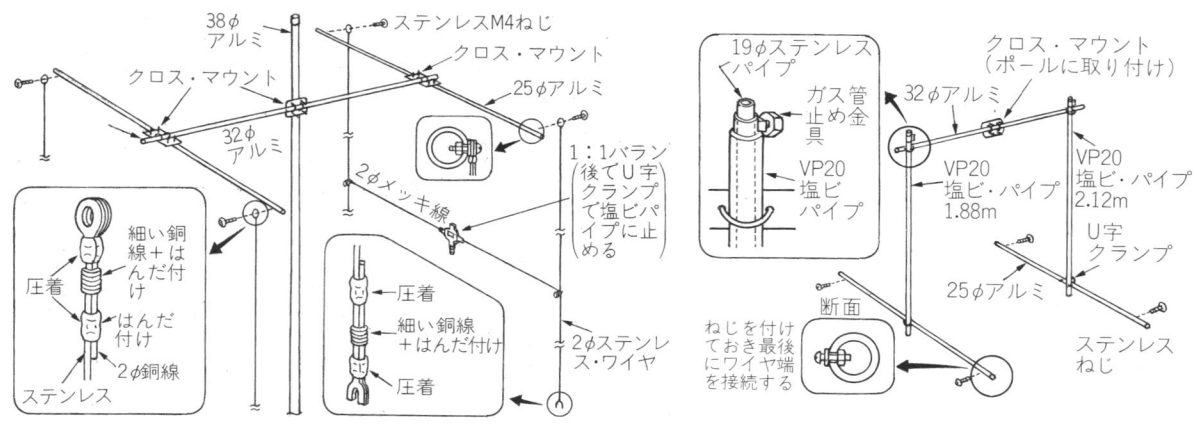

図2-7-4 上側のパイプ・エレメントおよびワイヤ部分

図2-7-5 下側のパイプ・エレメント部

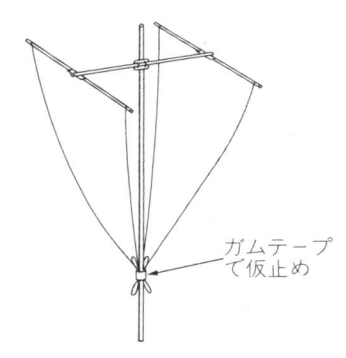

図2-7-6 アンテナを上げる際の処理

写真2-7-2 ラジエータ（給電）部分
バラン下部の補足小さなループ状の部分が補正用のL．同軸ケーブルにストレスを加えないように各所でクランプしている

ようにします．また同様に，リフレクタ側導線（ショート・バー）の長さは，中央付近の2回巻きコイルを含めて，ターミナル間の距離が縦方向ワイヤの間隔と等しくなるようにします．

なお，上側のパイプ・エレメントとワイヤ部分を上げる際，ワイヤ類が邪魔にならないように，図2-7-6のように，ポールの根元にガムテープで仮止めしておきます．

下側のパイプ・エレメント部分は，図2-7-5に示すようにやじろべえのようにバランスするような形です．今回はこのブーム部の縦方向の塩ビ・パイプとの接続にU字クランプを使用しましたが，上側のパイプ・エレメント部分と同様クロスマウントを使用すると，直角がきれいに出ます．

調整

調整としては，アンテナの共振周波数調整およびF/Bの調整です．いずれの調整もパンザマストに上るだけで各調整箇所に手が届きます．共振周波数の調整は，ラジエータの給電導線の接続ターミナルの位置を平行に上下させるだけで行うことができます．接続ターミナルの位置を下げれば共振周波数が下がり，位置を上げれば共振周波数が上がります．SWRメータを挿入し，送信機から最小電力で送信して調整中心周波数でSWRが最小となるようにすればよいのですが，今回はアンテナ・アナライザを使用しました．

アンテナ・アナライザは，以前ローカル局からMFJ製のものを借用したことがあり，その便利さがわかっていましたので，今回は小型のRF ANALYST（型名RF-1）を購入しました．

図2-7-7は，バランだけで給電したときのSWRおよびインピーダンス特性です．原型のヘンテナから変形しているためか，または2エレメントにしたためか，中心周波数でもSWRの値が低くならず，リアクタンス成分が含まれていたようです．

そこで，バランと8D-2V同軸との間に適当なインダクタンス成分（0.5μH相当）を追加したところ，中心周波数でSWRを1.0にすることができました．このインダクタンスは図2-7-9のようなビニル線で

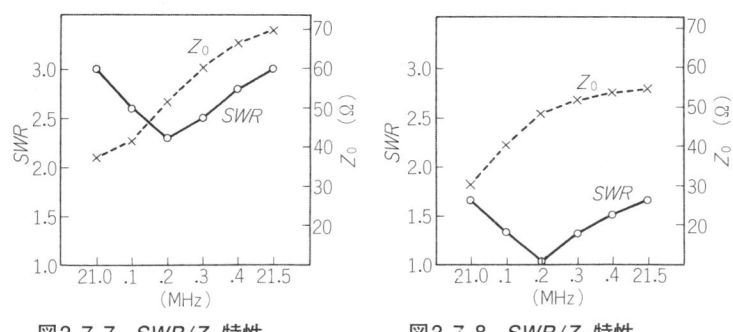

図2-7-7 SWR/Z₀特性
（整合Lなし）

図2-7-8 SWR/Z₀特性
（整合L付き）

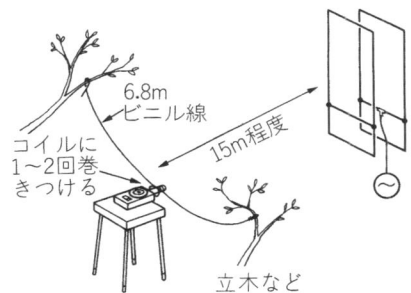

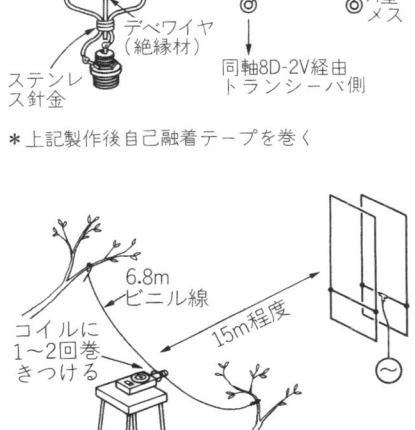

写真2-7-3 製作したアンテナの外観

製作して挿入しました．この結果のSWRおよびインピーダンス特性を**図2-7-8**に示します．

なお，F/Bの調整をすると共振周波数がずれるといわれていますが，影響はそれほどではなく，F/Bの調整後に再度ラジェタ側ターミナルの位置を微調整するだけでOKでした．

F/Bの調整は，このアンテナをバックに向けたときに電界強度が最小になるように，リフレクタのショート・スタブのターミナルの位置を上下させました．

なお，リフレクタのショート・スタブ部分に2回巻きコイルを作っておいた理由は，ディップ・メータでリフレクタの共振周波数をあらかじめチェックできるようにするためです．調整は目的周波数によりリフレクタの共振周波数を2～3%程度低くしておくことにより，あらかじめF/B最良点近くにしておくことができます．

図2-8-10は，F/B調整のイメージ図です．電界強度計としては，ディップ・メータを利用し，受信アンテナ用½波長程度の長さのビニル線の中央付近で，ディップ・メータのコイルに2回巻き付けて行いました．アンテナとの距離は10波長以上離すのが理想ですが，受信アンテナが送信アンテナの一部にならない程度まで離せば，調整上の支障はほとんどないとの報告もあり，15m程度離した位置で行いました．

図2-7-11は，ローカル局にキャリアを出しても

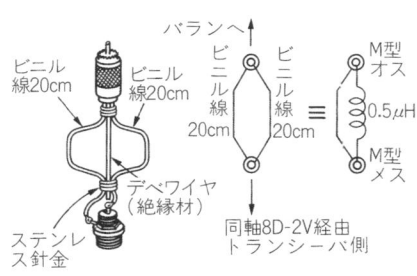

図2-7-9 整合用Lの製作
＊上記製作後自己融着テープを巻く

図2-7-10 F/B調整のイメージ

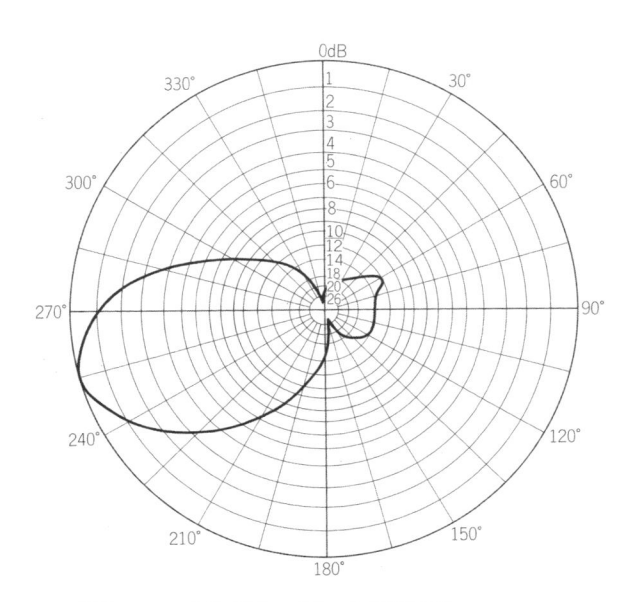

図2-7-11 アンテナ・パターン測定結果

らいアンテナ・パターンをとったものです．バックの特性は，家の隣接の山の影響と思われます．

なお，垂直方向のパターンをとるのは容易ではなく，このアンテナの特徴であるはずの低角度放射の測定ができないのが残念です．

使用感

コンディションや相手局との距離などで状況が異なるため，単純に比較できませんが，このアンテナより地上高が3m程度低いダイポールおよび2エレ・ワイヤ・ビーム（CQ ham radio 1993年6月号掲載；変形5Aスペシャル）と比較すると，たとえばヨーロッパ局の受信でダイポールよりSにして四つ程度，2エレ・ワイヤ・ビームより二つ程度強くなり，送信もほぼ受信に準じた結果が得られています．

ロケーションは東から南方向の家の隣がすぐ60mの山，西方向には6階建てのビルといった悪い条件ですが，てっぺんの地上高15m程度でヨーロッパとロング・パスでQSOできたのは満足でした．

《参考文献》
- JR1KQU 加藤欣一；ループ・アンテナ・ハンドブック，28MHzヘンテナの実験，CQ出版社．

2-8 50MHz 5エレ・ヘンテナの製作と実験

アンテナ解析ソフトMMPC WINで設計ゲイン11dBを超えた
（1998.3）

JH4ADV 諏訪 孝志

書籍『ループ・アンテナ・ハンドブック』（CQ出版社．絶版）にヘンテナが28MHzの実験で高いゲインを示したとあったのを見て，これだ！と思い50MHzにスケール・ダウンして2エレのヘンテナを製作し，まずまずの成果が得られました．1年ほど使ううちにより高いゲインが欲しくなり，3，4エレと進み，現在では5エレと進化しています．

今までは製作記事を見て作っていましたが，今回の5エレはシミュレーション・ソフトMMPC WINで設計した値をもとにして製作してみましたので，ここにレポートします．

製作

各部の寸法を表2-8-1に示します．

今回は，フロント・ゲイン重視で設計しているため帯域は狭いものになっています．ブーム長を6.5mくらいとしたほうが使いやすいかもしれません．

シミュレーション上では11.4dBdのゲインを稼いでおり，この値はブーム長11.0mの9エレ八木のシミュレーション結果（11.2dBd）を上回っています．

表2-8-1 各部分の寸法（下）とシミュレーションの結果（右）

Freq.	R (Ω)	jX	Gain (dB)	FB (dB)	半値角（°）	SWR
50.000	53.0	−40.0	11.0	20.2	43.9	2.14
50.050	48.5	−32.6	11.1	21.5	43.4	1.92
50.100	44.2	−24.3	11.2	22.8	42.8	1.69
50.150	40.1	−15.2	11.3	21.4	42.2	1.49
50.200	36.5	−5.4	11.4	18.8	41.5	1.40
50.250	33.4	5.2	11.4	16.4	40.7	1.53
50.300	30.8	16.6	11.3	14.3	39.8	1.89

エレメント	ラジエーターからの距離	水平エレメント	水平エレメントの直径	垂直エレメントの長さ	垂直エレメントの直径	下辺エレメントからの給電部の距離	給電部エレメント直径
Rad		1.000	10.0	2.790	10.0	(0.620) 0.590	10.0
Ref	1.80	1.040	10.0	2.880	10.0	(0.640) 0.620	10.0
#1Di	1.60	1.000	10.0	2.740	10.0	(0.555) 0.540	10.0
#2Di	3.30	1.000	10.0	2.720	10.0	(0.560) 0.540	10.0
#3Di	5.50	0.990	10.0	2.720	10.0	(0.560) 0.540	10.0

（　）は調整された値

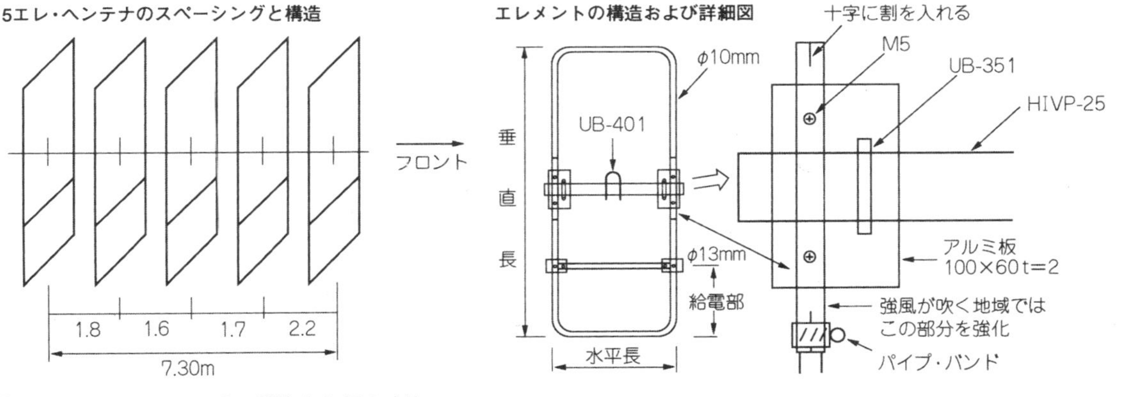

2章　ループ系アンテナ編

5エレ・ヘンテナのスペーシングと構造

1.8　1.6　1.7　2.2
7.30m

エレメントの構造および詳細図

UB-401
φ10mm
垂直長
水平長
φ13mm
給電部

十字に割を入れる
M5
UB-351
HIVP-25
アルミ板 100×60t=2
強風が吹く地域ではこの部分を強化
パイプ・バンド

図2-8-1　5エレ・ヘンテナの構造と各部の寸法

写真2-8-1　アルミ・パイプを曲げるための治具．バーナーで加熱し，一気に曲げる

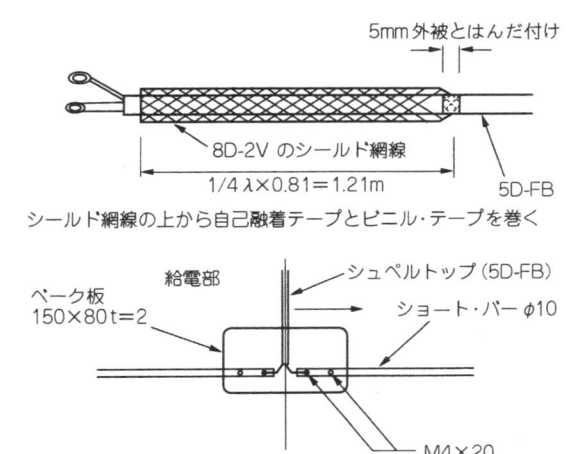

5mm外被とはんだ付け
8D-2Vのシールド網線
5D-FB
1/4λ×0.81=1.21m

シールド網線の上から自己融着テープとビニル・テープを巻く

ベーク板 150×80t=2
給電部
シュペルトップ（5D-FB）
ショート・バー φ10
M4×20

図2-8-2　シュペルトップの詳細

写真2-8-2　シュペルトップを用いた給電部のクローズアップ

　構造は**図2-8-1**のとおりで，ループを形成するパイプはφ10mm，肉厚1mmの6063t材を使いました．4カ所のコーナを曲げるときは，**写真2-8-1**のように治具を使いバーナーであぶりながら一気に（2, 3秒で）曲げます．ゆっくり曲げると破断してしまいます．

　ループのエレメントをブームに固定する部品には材料として絶縁物を使用しました．HIVP-25というローコストの塩ビ・パイプです．これはホームセンターにあります．塩ビは紫外線の影響を受けやすいといわれますが，4エレで1年7か月使用したものの，色が少し白く変色しているだけで強度には問題がないようです（本来ならばFRPを使いたいところだが）．

　給電方法は，4エレのときにも使っていたシュペルトップ・マッチ（**図2-8-2**，**写真2-8-2**）を採用しました．ガンマ・マッチも実験しましたが，大地の容量の影響を受けやすく，仮設の状態で調整した値と本設置のときとではかなり違う値になりました（4エレ以下であれば，ラジエータにマストから手が届き調整できるのでよいかもしれない）．

　垂直エレメントとショート・バーを固定する金具を4エレのときより改良しました．**写真2-8-3**および

59

写真2-8-3 アルミのインゴットで作ったショート・バー・ジョイナ

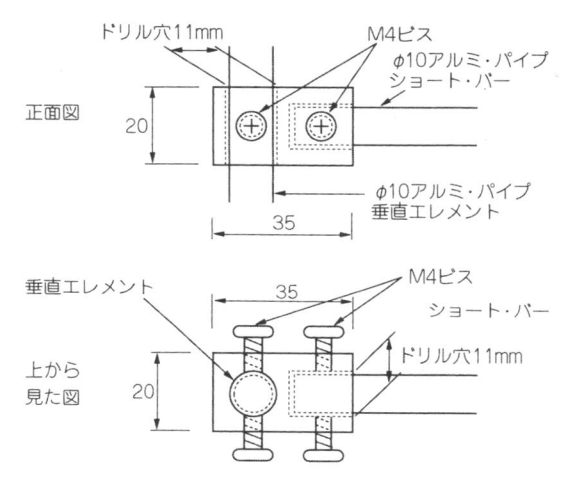

図2-8-3 ショート・バー・ジョイナの詳細

び図2-8-3のようなショート・バー・ジョイナをアルミのインゴットから作ってもらいました．これを使うことで調整時にプラスのドライバ1本でショート・バーを上下させることができて，調整がたいへん楽になりました．

ブームはφ38mm，肉厚2mm，定尺4mのものを2本つなぎます．ジョイント部は，肉厚3mm，φ32mm，長さ40cmのものを差し込みます．隙間があくので，厚さ0.8mmのアルミ板2枚を上下に入れ6mmのボルトで締め付け，2本のうちどちらか一方を50cm切って7.5m長とします．これにエレメント5本をつけるとかなり垂れ下がるので，4mmのデベロープを使い，ブーム・ステーをつけています．

本アンテナに使用した部品類を表2-8-2に掲げておきます．

エレメントおよびブームにはウェザーコートを塗

表2-8-2 50MHz 5エレ・ヘンテナのパーツ・リスト

名称	規格（mm）	数量	摘要
アルミ・パイプ	φ13 L=200	10	各エレメント共通
	φ10 L=3690	2	Rad用
	φ10 L=3820	2	Ref用
	φ10 L=3620	4	1D, 2D用
	φ10 L=3610	2	3D用
	φ38 L=4000	1	ブーム用
	φ38 L=3500	1	〃
	φ32 L=400	1	ブーム・ジョイント用
ショート・バー	φ10 L=475	2	Rad用
	φ10 L=970	2	1D, 2D用
	φ10 L=1010	1	Ref用
	φ10 L=960	1	3D用
ジョイナ	20×20×35	10	ショートバー・ジョイナ
パイプ・バント	φ11〜φ15用	20	エレメント・ジョイント締付
ベーク板	150×80 t=4	1	給電部
アルミ板	100×60 t=2	10	エレメント固定用
Uボルト	UB401	5	ブームへの固定用
	UB351	10	塩ビへの固定用
HIVP-25	φ25 L=1100	5	エレメントブーム用
ステンボルト	M4×20	4	給電部
	M5×25	20	アルミ板とエレメント固定用
	M6×50	4	ブームジョイント締付
自己融着テープ		必要量	
ビニル・テープ		必要量	
デベロープ	φ4	8m	ブームステー

りました．ジョイント部は，タッピング・ビスだけでは長年の間に緩み落下する恐れがあるので，自己融着テープとビニル・テープを巻いておきました．さらに，パイプの下側に2mm径ぐらいの水抜きの穴をあけておくと，パイプの中に水がたまることもなくなります．

組み上げ・調整

調整がいちばんやっかいな作業だと思いますが，性能が左右されるので入念に行いたいところです．

高さ2.0mのルーフ・タワーを地面に杭で固定し，3.0mほどのマストを差し込みます．表2-8-1のエレメントの間隔をマジックで印をしておき，ブームを取り付けます．そしてマストに近いほうからエレメントを取り付けていきます．調整時にもブーム・ステーはつけます．そうしないとエレメントの垂直を確保できず真の値が出ないからです．

電界強度を測るのは10波長（60m）ぐらい離れた所が理想ですが，敷地の関係で私の場合は3波長（18m）ぐらいの所に図2-8-4のように調整用ダイポールを設置し，手元の簡易電界強度計まで同軸ケーブルを引っ張りました．

まず共振周波数を測定し，ずれていればショート・バーを上下に動かし調整します（1cmあたりの変化量は約50kHz）．シミュレーションした値とあまりかけ離れていないと思います．

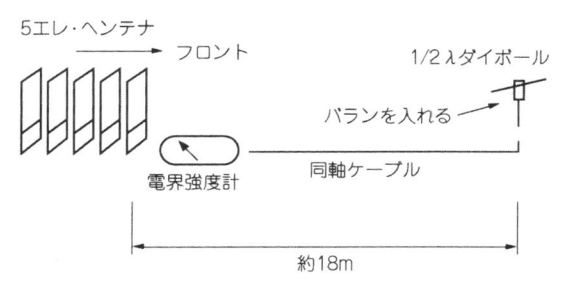

図2-8-4　測定方法の略図

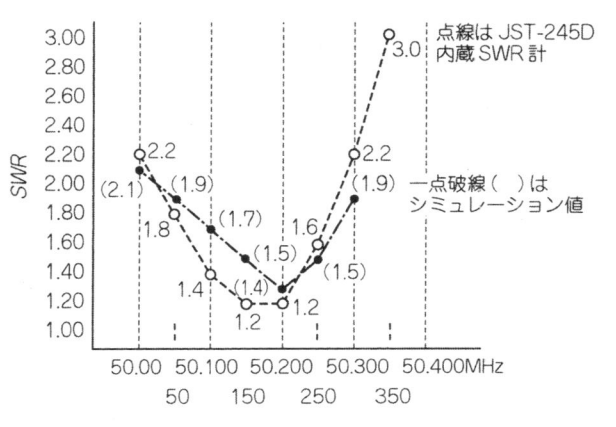

図2-8-5　SWRとシミュレーション値の比較

　私の場合は，設計値より2cmぐらい上になりました．またインピーダンスは，設計値が36.5Ω，三田無線のAZ-1HFで測定した結果が31Ωとなり，ほぼ一致しました．

　次にリフレクタのショート・バーを上下させ，手元の電界強度計のメータの振れが最小になるようにします．続いてディレクタ1のショート・バーを上下させ，メータの振れが最大になるようにします．同様にディレクタ2,3も調整します．

　今までやみくもにやっていた調整も，MMPC WINを使うことにより調整する方向性がはっきりします．

　ヘンテナは，実際に使用する高さまで上げると共振周波数が下がるといわれます．実際4エレのときにも，地上高2.5mで50.100MHzに共振していたものが，高さを上げると共振周波数は49.950MHzに下がることを経験しています．

　今回の5エレでも50.300MHzに共振していたものをクレーンで高さ15mぐらいに上げると共振周波数は50.100MHzまで下がり，ショート・バーを1cm上に調整し直して本設置としました．

　本アンテナのSWR特性を図2-8-5に，また図2-8-4の方法で測定した結果を図2-8-6に示します．

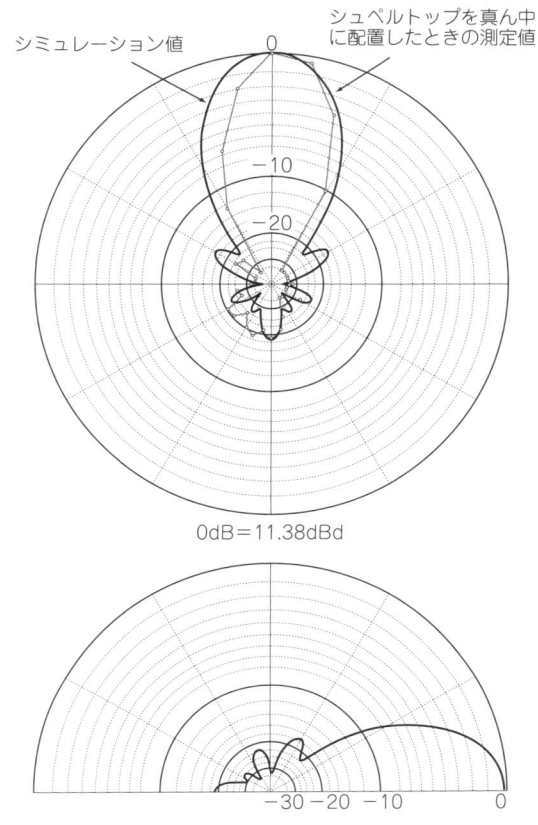

図2-8-6　測定結果とシミュレーション値の比較

作り終えて

　運用した第一印象は，4エレのときよりビームが鋭くなったことでした．シミュレーション上の半値角は41.50度ですが，実際にローテータを回しながら受信していくと，その角度を実感できました．

　受信感度もかなり良くなっており，高さ17mの所に上げたHB9CVとの比較では，グラウンド・ウェーブ150kmの信号S5がS9ぐらいにまで浮かび上がります．

　また，サイドはビーム・パターンのとおりかなり切れがよく，フロントS9の信号がサイドではほとんど聞こえません．

　F/Bは，シミュレーションとほぼ同じ19dB前後が得られています．QSBに対しても強いようで，ローカル局の八木では了解できなかった信号が了解できました．

　数カ月の運用ですが，ゲインもあり，よく飛んでくれるアンテナだと感じています（写真2-8-4）．またこの間に，台風19号（1997年9月16日）ではかな

りの強風も吹きましたが，異常はありませんでした．

最後に，製作に協力していただいたJF4NZC 高谷さん，アドバイスをいただいたJA1WXB 松田さんに，誌面を借りてお礼を申しあげます．

《参考文献》
- ヘンテナ，FCZ研究所．
- 吉村裕光，角居洋司：アンテナ・ハンドブック，CQ出版社．
- 小林清昭：50MHzヘンテナの製作と実験，CQ ham radio，1992年1月号，CQ出版社．
- 松田幸雄：MMPC for Windows95によるアンテナ・シミュレーション，CQ ham radio，1997年9月号，CQ出版社．
- 松田幸雄：4エレ/6エレ・デルタループの実験，HAM Journal，No.100，CQ出版社．

写真2-8-4　地上高20mに上げた50MHz 5エレ・ヘンテナ

2-9 組み立て簡単移動運用仕様 14MHz 2エレ・デルタループの製作
（1999.9）

7L3LVX　大森 雄

サイクル23に向けて，常置場所の環境制限から逃れるために，
① 組み立てが容易であること
② DX向きであること
③ できるだけ軽量であること
などを目標として，移動運用仕様の14MHz帯2エレのデルタループを製作しました．

写真2-9-1　14MHzデルタループによる移動運用（茨城県久慈川河川敷）

構造設計

14MHz帯のデルタループは，一辺が約7mもの長さにもなりますので，その機械的な構造については，
① エレメントの懸架を容易にする
② 組み立てやすさと軽量化のためにブームを1本にする
③ バランによる放射器への給電と，スタブなどによる反射器の調整を可能とするためにブームとエレメントを絶縁する

などを念頭に検討して最終的に図2-9-1のとおりとしました．

構造のポイントは，図2-9-2に示したT字型の塩ビ・パイプにあります．大型のエレメントを三角形に組み上げた状態でブームに懸架するのは困難ですので，あらかじめブームに取り付けたT字型の塩ビ・パイプで作ったスプレッダに，アルミ・パイプとワイヤで構成されたエレメントを1本ずつ差し込む方式としたところがミソです．

エレメントは，差し込んだだけで保持されるので，あとはスプレッダとの固定を兼ねて，バランの給電線やスタブなどを，M4の蝶ネジで取り付けるだけです．

塩ビ・スプレッダのエレメント差し込み部分を写真2-9-2に，バラン取り付け部分の表と裏を写真2-

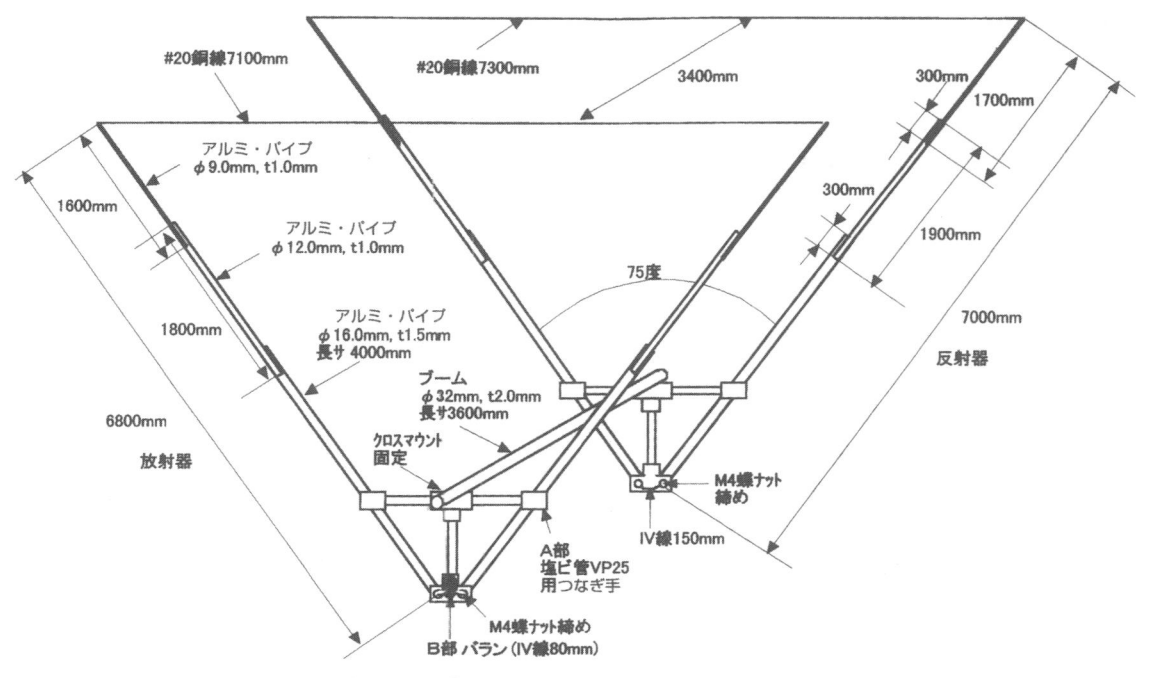

図2-9-1 移動仕様14MHz 2エレ・デルタループの概略構成図

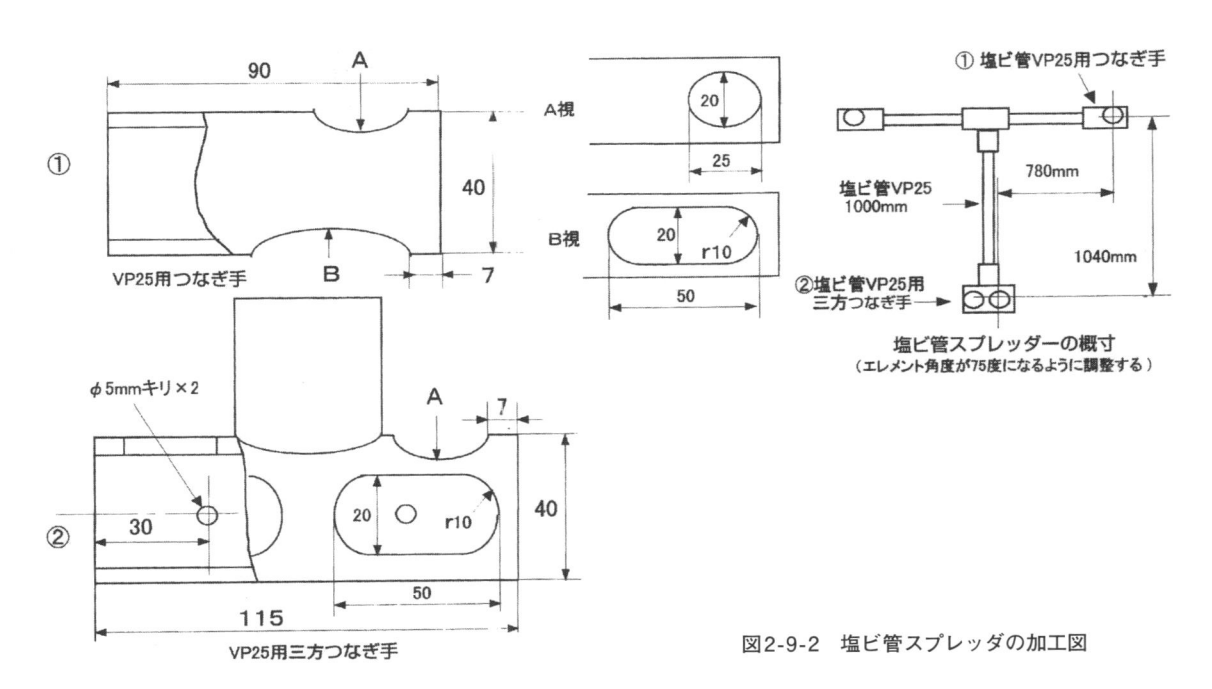

図2-9-2 塩ビ管スプレッダの加工図

9-3と写真2-9-4に示します.

電気的な設計や調整方法は,私の開局当時からのバイブルである『アンテナ・ハンドブック』(CQ出版社)を拠り所としました.

デルタループについては,多くの記事がありますので,ここでは詳細は割愛します.構造的に,18MHz帯や21MHz帯用にも簡単に調製できます.

性能と実績

SWR特性は,図2-9-3のとおりです.Sメータの読みですが,F/Bは約20dB,F/Sは目盛り三つ程度の差でした.

タイトル写真は,1998年のWorld Wide DX Contest Phoneときの運用風景です.茨城県久慈川

写真2-9-2 塩ビ・スプレッダ水平部のエレメント差し込み箇所（図2-9-1のA部）
上下の貫通口は，エレメントの角度に合わせて加工し，3mmのタッピング・ビスで固定してある

写真2-9-3 ラジエータ側の塩ビ・スプレッダ基部のバラン接続箇所（図2-9-1のB部の裏側）
M4の蝶ナットでエレメントと，とも締めしてある

写真2-9-4 リフレクタ側の塩ビ・スプレッダ基部
2mmのIV線を最短距離で接続してある

の河川敷で風速6〜7m/s程度の風の中での運用でしたが，エレメントの上部はしなるものの塑性変形もなく問題ありませんでした．ヨーロッパ方面のロングパスQSOをパイルの中で，50Wで成立できたのには感激しました．

皆さん，組み立て簡単なアンテナを武器に，神出鬼没，ゲリラ的な移動運用を楽しんでみませんか？

実験調整作業でご協力いただいた，7L3LYK 武藤OMとJJ1LGO 植武OMにお礼を申しあげます．

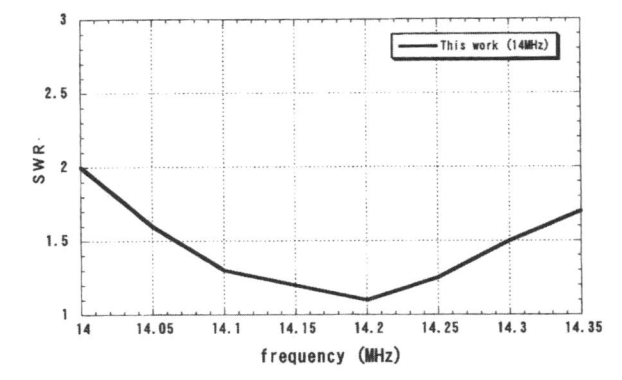

図2-9-3 14MHz 2エレ・デルタループのSWR特性

2-10 高ゲインを得られる 50MHzデルタループ・アンテナ （1998.12）
JH4ISQ　久保 政勝

約20年前，オーディオ・ブームの真最中に，ツートラ・サンパチ（2トラック38cm/minのオープンリール・デッキ）でエア・チェックをしていたときに使用していたFM専用アンテナを見つけました．

懐かしさとともに，何とかこれをアマチュア無線用に再利用できないかと思い，結局，50MHz用の3エレ・デルタループ・アンテナを製作することにしました（**図2-10-1**，**写真2-10-1**参照）．

材料

材料は**表2-10-1**をご覧ください．ほとんどホームセンターで調達できると思います．

製作

このままのエレメントでは50MHz用には短いので**図2-10-2**，**写真2-10-2**の接続方法で延ばしました．

元々，エレメントはパラ・スタック（ブーム中央で左右のエレメントが上下になっている）のため，ブラケットを直接75度の角度0.15波長の間隔でブームに取り付け，1.6mmのIV線（被覆をむく）に，圧着端子をカシメた各エレメント線を取り付けます．

マッチング方法はガンマ・マッチとしました．ショート・バーは銅板を加工し，バリコンやMRの角座（M型コネクタのメス）を塩ビ・パイプのフタを2個利用して取り付けます（**写真2-10-3**）．もちろん，防水の配慮も必要です．

圧着端子は圧着後，念のためすべてはんだ付けをしました．リフレクタのスタブも1.6mmIV線（被覆をむく）で加工しました．

写真2-10-1　同エレメント数の八木と比べるとその威力は圧倒的

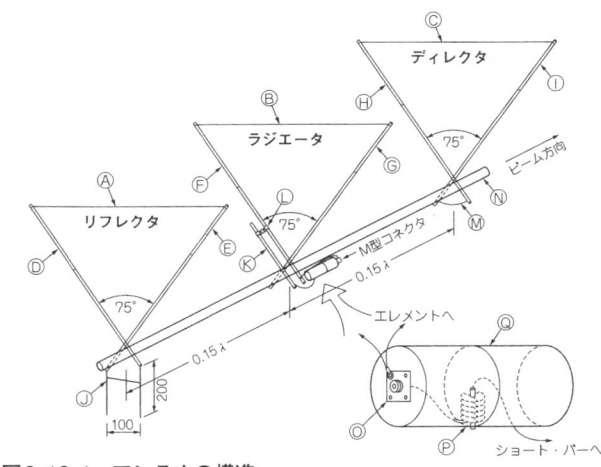

図2-10-1　アンテナの構造

表2-10-1　材料

	品名	数量	備考	図1との位置
1	市販FMアンテナ	一式	5素子(ジャンク品)	各エレメント
2	アルミ・パイプ	2本	φ13×1,000mm(エレメント不足のため新品を購入)	⒟～①のいずれか2本
3	塩ビ管フタ	2個	φ30mm	
4	MR角座(M型メス角)	1個		ⓞ
5	エア・バリコン	1個	40pF 500V	ⓟ
6	M6角×40mmボルト	6本	ステンレス	⒟～①まで
7	M6角×30mm高ナット	12個		⒟～①まで
8	M4×20mmネジ	15組	ナット,平ワッシャ,スプリング・ワッシャ(ステンレス)	⒟～①まで
9	M4×40mmネジ	7組	ナット,平ワッシャ,スプリング・ワッシャ(ステンレス)	⒟～①までと⒦のブラケット
10	M2.6×10mmネジ	4本	ステンレス	ⓟバリコンの止めネジ
11	1.25-4圧着端子	11個	圧着後,はんだ付け	Ⓐ～Ⓒ,Ⓙ,Ⓜ,ⓞ
12	1.6mmIV線	7m	被覆をむく	Ⓐ～Ⓒ,Ⓙ
13	1.25スケア線	50cm		ⓞ,ⓟ
14	銅板20×200mm	1個		Ⓛ
15	M3×20mmネジ	4個	ナット,平ワッシャ,スプリング・ワッシャ(ステンレス)	ⓞ
16	ビニル・テープ	少々		

〈調整グッズ〉

	品名	数量	備考
1	ワニ口・クリップ	6個	小
2	51Ω金属皮膜抵抗	2個	1/2W(50Ω～100Ω間なら使用可)
3	M型コネクタ	1個	

調整

まず,調整用のちょっとしたアイテムを作ります.表2-10-1,写真2-10-4を参照してください.

抵抗は無誘導タイプの50～100Ω間であればよいと思います.

私は51Ω/2Wを使用しました.シビアにいえばM型コネクタ,ダンプ抵抗も長さを統一しておいたほうがよいと思います.

それでは調整に入りますが,本格的な調整はJA1AEA 鈴木氏著作の『キュービカルクワッド』改訂版(絶版)や『ループ・アンテナハンドブック』(CQ出版社,絶版)などを参考にしてください.

今回はアンテナ・アナライザ(MFJ-259)を使用

し,ラジエータの共振周波数を50.15MHz付近に調整した後,グラウンド・ウェーブの安定した局を探し,バックでSメータが最小になるようにリフレクタのスタブを可変させます.

その後もう一度,ラジエータの共振周波数を再調整するため,再度,スタブを調整します(フロントは調整しなかった).もし,自分が希望する周波数にない場合は,あっさりエレメントを張り替えたほうが早いと思われます.

最後にバリコンとラジエータのショート・バーを可変させSWRを最小にします.簡単な調整でもフロントでSが9の局がバックで2～3になりました.

なお,SWR特性は図2-10-3のようになりました.

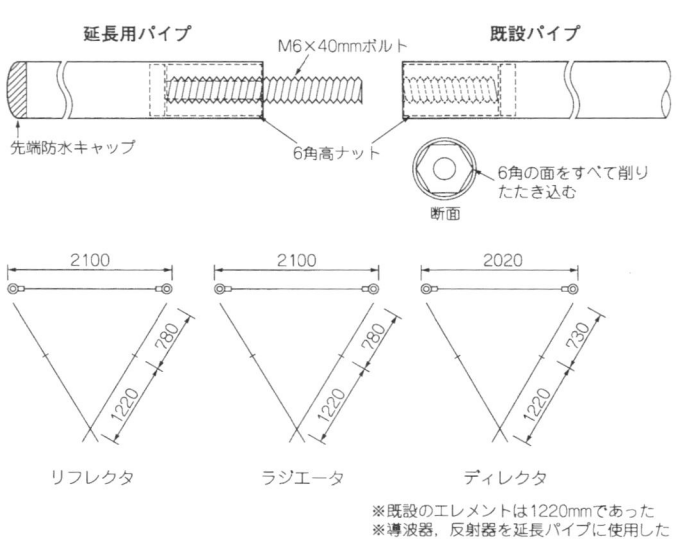

図2-10-2 エレメントの寸法と接続方法

先端防水キャップ / 延長用パイプ / M6×40mmボルト / 6角高ナット / 既設パイプ
6角の面をすべて削りたたき込む
断面

リフレクタ 2100 / 1220 / 780
ラジエータ 2100 / 1220 / 780
ディレクタ 2020 / 1220 / 730

※既設のエレメントは1220mmであった
※導波器，反射器を延長パイプに使用した

写真2-10-2 ホームセンターで売られている材料がアンテナ部品に変身．手前は改造前のFMアンテナのエレメント

写真2-10-3 マッチング・セクションのようす．写真右は図2-10-1のJ部分

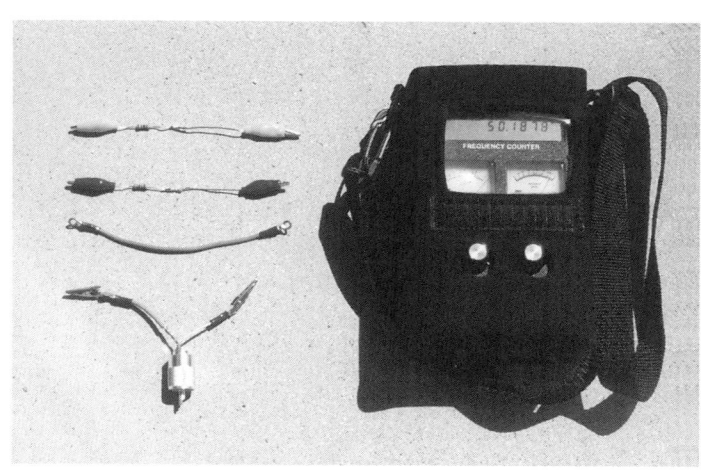

写真2-10-4 アンテナ・アナライザ（MFJ-259，右側）は周波数が直読でき，しかもSWR，インピーダンスも一発で測定．これは自作派にとってぜひとも1台欲しい．写真左は測定用ダンプ抵抗など一式

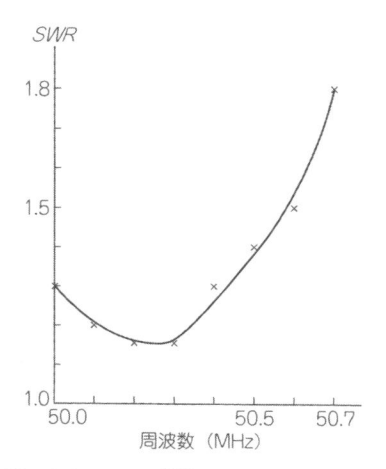

図2-10-3 SWR特性

使用感

現在，固定で地上高15mの2エレHB9CVを使用していますが，このデルタループ・アンテナを地上高6mに仮設し比較しました．

Eスポ発生時，相手局によってはHB9CVではSが4でもデルタループにすると9まで振れます．メリット2の局でも3～4になります．

やはり地上高が低くても，偏波面が異なっている場合でも，多少，機械的強度に難があっても魅力のあるアンテナには違いありません．

おわりに

今回はジャンク品などを使用して，予算も2,000円以内で作ることができました．やっぱりアンテナの自作はやめられませんね．

今回の製作にあたり，アンテナ・アナライザを拝借させていただいた，私の上司でもあるJI4NUI（exJR4MQJ）田村氏，ローテータを提供していただいたJF4SFR岡本氏，レポート交換などでご協力いただいた山口6m寺小屋会の各局にお礼を申しあげます．

※ 再録にあたり，筆者から，JI4NUI 田村さん，JF4DFR 岡本さんがサイレント・キーとなられたというお話をいただきました．ご冥福をお祈りいたします．（編集部）

《参考文献》
- 鈴木肇著；キュービカルクワッド改訂版，CQ出版社．
- CQ ham radio編集部；ループ・アンテナハンドブック，CQ出版社．

2-11 市販材料で作る 50MHz 4エレメント・デルタループ・アンテナ
（1995.11）

JR3EOI　岡本 康嗣

私はコンテストに移動運用の50MHzで参加する機会が多いことから，大型でない，なんとかモノになるアンテナはないものかと模索していました．

現用のアンテナは八木型4エレで，それより性能の良いものをということを望み，ループ系のアンテナを試作してみることにしました．当初の製作目標にはキュビカル・クワッドを考えていましたが，スプレッダとして適している材料がどうしても見つかりませんでした．

いろいろ悩んだ末，スプレッダを使わずに済む，デルタループ・アンテナを作ってみようというところに落ち着きました．

製作にあたっては，市販の材料で作れることを目指しました．工具は，ボール盤はどうしても必要になります．あと，パイプ・カッターがあれば便利でしょう．そのほかに必要なものは24mmの木工用ドリル刃，電気ドリル用筒型ヤスリです．

材料

必要な材料のほとんどはホームセンターで手に入れることができますが，いちばん面倒なのはエレメント支持する部分（エレメント・ホルダ）です．そこでエレメント・ホルダを自作することにしました．材料は樹脂製のまな板です．市販で見かけるものは厚さが15mmしかありません．これではエレメントを

写真2-11-1　50MHz 4エレメント・デルタループ・アンテナ外観

支えることができませんので，厚手のものが必要になります．

厚めのまな板は厨房用品店なら手に入れることができるでしょうから，厚さ20mm以上のものをぜひ見つけてください．

アルミ・パイプはエレメント用としてφ10mmとφ13mmを，ブーム用にφ25mmのものを使います．肉厚はいずれも1mmです．

そのほかには，ホルマル線（1mm径），圧着端子（2-4），4mmタッピング・ビス（12mmと25mm），クロス・マウント，ブーム用ジョイント，バラン用5D-2Vが必要です．

エレメント・ホルダ

まずはエレメント・ホルダの製作です．直径は，きりのいいところで100mmとしました．まな板からのくり抜きは「自由錐」を使いました．「自在錐」というのもあり，これはくり抜く直径を自由に設定できる道具です．

こちらのほうがより正確にくり抜けそうですが，高価です．大型のホルソも使えます．しかし，そんなに大きいものを購入するのは，この製作のためだけには高価すぎてとても無理です．

まな板をくり抜くと円板ができあがります．このとき相当の削りクズが出てきますので，覚悟しておいてください．削り跡はザラザラしていますから，グラインダなど（あるいはドリル用筒型ヤスリ）できれいに仕上げます．もちろんこの仕上げが終わったときに100mmとなるように，はじめから削りしろをもたせてあります．

次にブームが通る穴をあけます．まず木工用の24mmのドリルで中心に穴をあけます．このままではφ25mmのブームは通りません．そこでこれをφ25mmのブームが抵抗感を持ちながらも挿入できるように加工していきます．

エレメント・ホルダとブームの間に隙間を作らないようにとの配慮です．ドリル先に付ける筒型のヤスリをボール盤に装着し，整形していきました．

ここで，ブーム部分のエレメント間の角度についての考察をします．

一般にはここの角度は75度といわれていますが，その根拠には電気的にどうのというより，機械的にしっかりした状態を維持するための方策として，この角度が考えられたのではないかと思います．

つまり，各内角を60度にして，正三角形で作り上

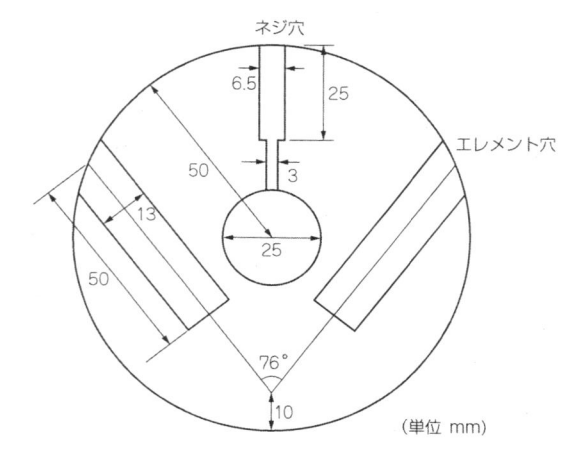

図2-11-1　エレメント・ホルダの加工寸法

げたなら，ワイヤ部はたるんでしまうということです．これを避けるためにブーム部での角度を広めにとってあるのではないかという結論に達しました．

今回は製作のしやすさ（分度器での測りやすさ）を考えて，ブーム部分のエレメント角度は76度としました．80度くらいでも問題はないと思います．このようにした上で，3辺の各辺の長さは1ループ分の長さを単純に1/3として計算し，上辺のワイヤに張力を持たせるようにしました．

もっとも，実際には調整のためにワイヤ部を切り詰めていきましたから，ここの部分は全体の1/3以下の長さになっていまい，狭い感じのデルタになってしまいました．

76度の角度の中心はブームの中心におかず，ブームの下方に来るようオフセットしました．重心をわずかながらも下にして安定を図ったことと，エレメントを保持する長さを確保するための方策だったのですが，おかげでエレメント・ホルダとブームをくっつけるビスは1カ所しか付けることができなくなりました．

エレメント角の中心をブームの中心にもってくれば2カ所での締め付けができますが，そうすると，エレメントをエレメント・ホルダで支持する部分の長さが短くなることが気になるので，このようにしました．

実際にはエレメント角の中心をブームの中心にもってくるような構造にしても問題はなさそうです．エレメント・ホルダの加工寸法は**図2-11-1**に示します．

円板へのエレメント用の穴あけの手順は，あらかじめ76度の角度をもたせた型紙を作っておき，それ

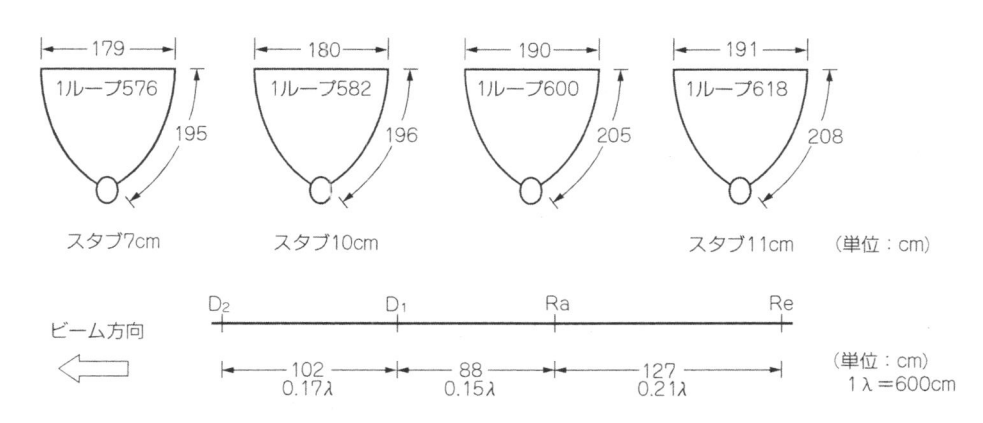

図2-11-2 エレメントおよびブーム寸法と構造

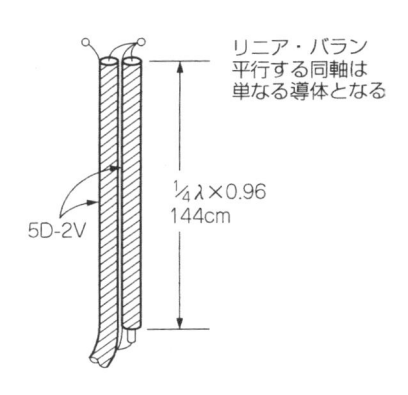

図2-11-3 リニア・バラン

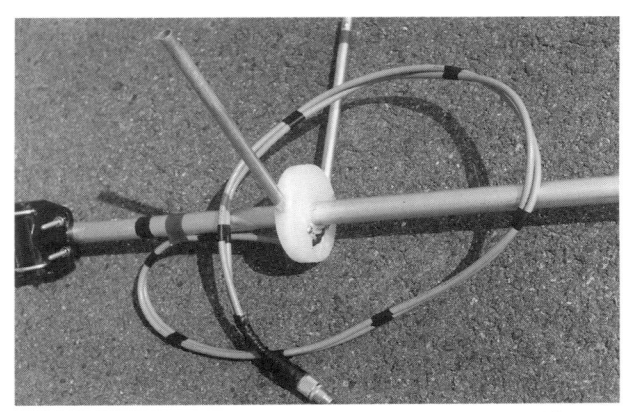

写真2-11-2 給電部のようす．リニア・バランを介してラジエータに接続する

に沿わせてボールペンで線を引きます．あとはその線に忠実に円板の厚みの中央よりϕ13mmの木工用ドリルを使って穴をあけていきます．バイスを使って円板の平面に平行になるようにしておきましょう．

横にズレると変なところからドリル刃が出てきます．ここでは特に慎重さが要求されます．いくらか練習するといいでしょう．

ここまでの加工が終わると，残された穴あけはブームへの取り付けのビス用の穴です．

電気的設計

予備実験を行ってみて，最終的にこのエレメント長，エレメント間隔で納得のいくところまでこぎつけました．いろいろと注文もあるかもしれませんが，細部の調整はさておき，このサイズに合わせて製作されるのが無難かと思います．

私は電信バンドに出る機会が多いため，目的の周波数をとりあえず50MHzの下のほう（50.100MHzくらい）ということで設計しました．

ラジエータの長さの算出はいろいろいわれているようですが，人によってまちまちで，どれがいいのやらわかりません．私なりにいろいろやってみたところ，そのままきっちり6mでいいだろうということになり，これを採用しています．

ほかの各エレメント長については，リフレクタ（Re）はラジエータ（Ra）長の103%，ディレクタ1（D_1）はラジエータ長の97%，ディレクタ2（D_2）は同96%で，あらかじめ計算して各エレメント長を出しておきます．エレメント長およびエレメント間隔は図2-11-2に示します．

給電部にはマッチング回路を設けていません．SWRの調整は後述します．

給電は分岐導体によるバランス給電を行っています．いわゆるリニア・バランです（図2-11-3）．

給電ケーブルに沿わせている同軸は単なる導体として考えますから，1/4λ×0.96の長さになります．ある程度ラフに作っても確実に動作します（写真2-11-2）．

写真2-11-3 スタブの取り付け方．D1，D2には下向きに付けてある．いちばん手前のリフレクタは長くなったので上向きにしてある

トロイダル・コアを使ったバランを試されるのもいいでしょう．FT-114-43に5回くらい巻くとできます．2線巻きでも3線巻きでも好きなほうを作ってみてください．

調整

各エレメント個別に，実際に使用する地上高である程度の調整をしてから，アンテナ全体を組み上げて調整し直すという方法が正統なのでしょう．

私もはじめはこの方法を行いましたが，各部を調整しているうちに何がなんだかわからなくなってきて，とにかくアンテナを組み上げたうえで調整しようということにしました．測定器としてアンテナ・アナライザがあればいうことないでしょうが，残念ながらSWR計を主体とした調整となりました．

そこで，今回はリフレクタ・スタブを調整して（写真2-11-3）F/Bの追求のみに終わらせました．方法は100mほど離れたところから微弱な電波を出して，アンテナはバックに向け，信号がいちばん弱くなるところを求めるというお馴染みのやり方です．

ディレクタの調整によるフロント・ゲインの追求はどうしたといわれそうですが，なかなかそこまで完璧にやりつくすことはできません．じっくりかまえればできないこともないでしょうが，面倒が先立ったため，今回はこれでよしとしました．

あとはSWRの調整です．本アンテナにはマッチング回路は設けていません．D_1をラジエータに近づけたり遠ざけたりして調整を行います．それでもうまくいかない場合はリフレクタとの間隔も調整してみましょう．

実はこの調整がいちばんの難題でしたが，ここに示した寸法を基準にすれば，それほどかけはなれた値は出てこないと思います．SWRの変化のようすを図2-11-4に示します．予定していた周波数より上のほうで調子が良いようです．

やはり延長率を要したというところでしょうか．しかし，SSBバンドまで延びていますので，結果オーライではあります．

電気的特性よりも，どうすればデルタループ・アンテナを作ることができるか，ということを中心として話を進めてきました．ほかにこうすればよいのでは，といろいろと気づかれたところがあるなら，それを生かしてより良いものができるように工夫してみてください．

先にあげた調整のしかただけではこのアンテナの持つ具体的な数値はわかりませんが，ビーコンを受信したかぎりでは，サイドの切れやF/Bはなんとか満足できる結果を得ています．

しかし，八木型4エレメントとの比較では，「これはすごく良いアンテナだ！」という体感はまだありません．まだ本格的に実戦での使用期間もないため，ループ・アンテナの本来の良いところを認知できる機会に巡り会っていないといったところでしょうか．

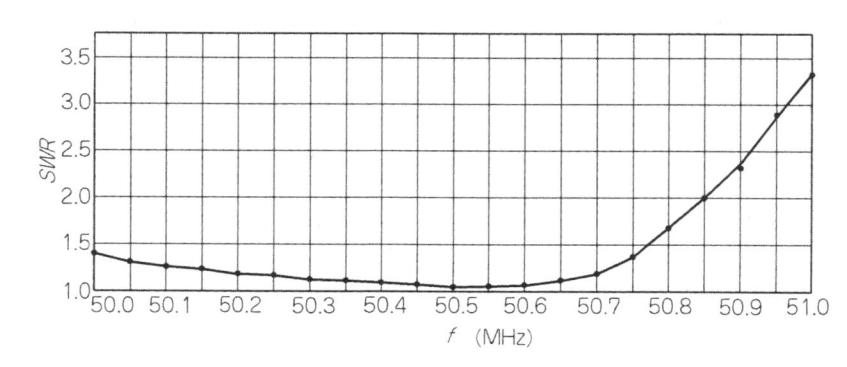

図2-11-4 SWR特性

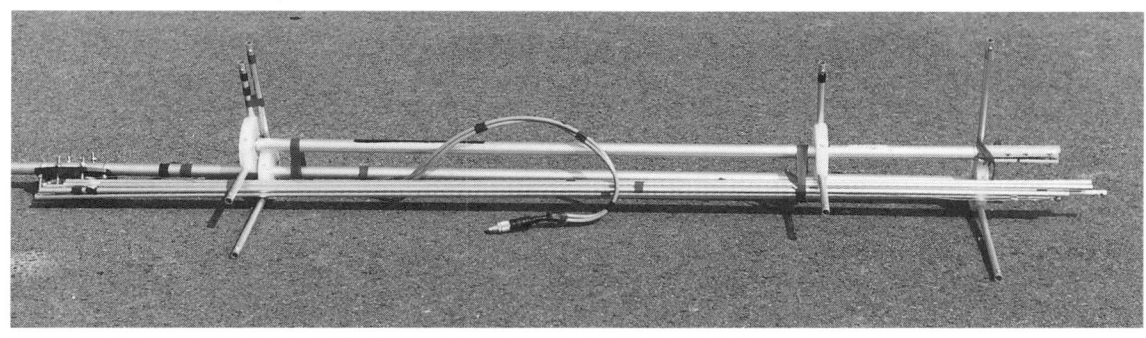

写真2-11-4 本アンテナをたたんだときのようす．こんなにコンパクトになる

タワーの上にあげるなどの恒久的な設置をしていると違いがよくわかることと思いますが，自宅がマンションでは，50MHzのビーム・アンテナなどは，とんでもないという状態です．

重量的には八木型と比べてやや不利なところがあります．ただし，横幅が小さくなりますので，移動運用への持ち運びも写真2-11-4のようにコンパクトにでき，設営時には木の枝などに引っかかりにくいのがなんともいえないメリットとなっています．

≪参考文献≫
- JA1AEA 鈴木 肇著：キュービカル・クワッド，CQ出版社．
- 角居洋司，吉村裕光：アンテナ・ハンドブック，CQ出版社．

2-12 メーカー製改造 3.5/3.8MHz短縮2エレ・クワッド
（1996.7）

JA0GSB 山田 幸己

5BAND DXCCをクワッド・アンテナのみで完成させたい

私は，キュビカル・クワッド・アンテナにとりつかれ早や25年が経ちました．

無線を始めたばかりのころ，近くの病院の屋上に2エレのクワッドが上がっていました．訪ねるとその方は，お医者さんで（JA0ED）当時アフリカの局のQSLマネージャーをされており，「今日，アフリカの局とスケジュールQSOをやるからお前もやらないか」と．

私の当時のアンテナは7MHzのダイポールのみ．出力も6146Bが1本，もちろん聞こえもしませんし，飛んでもいきませんでした．悔しくて何とか聞くことだけでもできないかと，7MHzの1エレ・ループ・アンテナを作り，10Wで初めてアフリカとQSOをしました．

これがループ・アンテナ，とりわけクワッド・アンテナにとりつかれるきっかけでした．しかし，進学，就職などで無線がQRTとなり，再開したのが今から7年ほど前．さっそくタワーとクワッドを上げ，最初は2エレ（14から28MHz），続いて4エレ（14から28MHz）の5バンドのクワッド，その後7MHzの2エレ・クワッドを追加．だいたい2年間ずつのサイクルで，アンテナを変更使用してきました．

この間，7MHzから21MHzまでのDXCCは完成できました．また，500Wの変更検査もクワッドで実施しました（写真2-12-1）．

次はやはり3.5/3.8MHzのクワッドしかない！そう考えたのが1994年の夏，折しも11年周期のロー・バンド絶頂期，やるしかありません．

しかし，7MHzの2エレを2年ほど使いましたが，1ループの長さが80mとなると並の大きさではない！ スプレッダはどうしよう，エレメントの材料は何がいい，ブームは，と難問が山積みでした．

永年お世話になっているパーフェクトクワッドの川口OMから適宜アドバイスを受けながら，約4か月かかって1994年11月11日に完成．ZP6CWとファーストQSOができました．彼からのQSLには「CU1.8MHz」と記されていました．

その後約1年5か月運用し，約180カントリー（エンティティー）とQSO，念願のDXCCもこの3.5＆3.8MHzバンドで完成しました（写真2-12-2）．

写真2-12-1　7MHz 2エレ，10MHz 2エレ・クワッド，14〜28MHz 4エレ・クワッド．1993年，1994年に使っていたもの

写真2-12-2　タワーのトップに上がった3.5/3.8MHz 2エレ・クワッド．短縮率75%

エレメントの短縮について

80mの四角形を20m高のタワーに上げることは考えただけで気が狂いそう，それなら短縮するしかない！と実験にかかりました．

● 実験その1

キャパシティ・ハットでの短縮はどうでしょうか．1エレのループを図2-12-1のように製作し，データを取ってみました．これはいけると思って地上高10mに上げたところ，風が吹くと共振周波数がふらふら定まらずうまくいきません（200kHzくらいはすぐ動く）．

遊びでキャパシティ部分を15mほどにしたら共振点が2MHzまで落ちました．もしかして1.9MHzのクワッドができるかも？

キャパシティハットのデータを図2-12-2に記しておきます．

● 実験その2

「キュービカル・クワッド」（JA1AEA著）によれば，クワッドのスプレッダに沿わせた「リニア・ローディング」なる短縮方法があると書いてあります．

これだ！　ということで，グラスファイバのスプ

図2-12-1　1辺15mの短縮キャパシティ・ハット

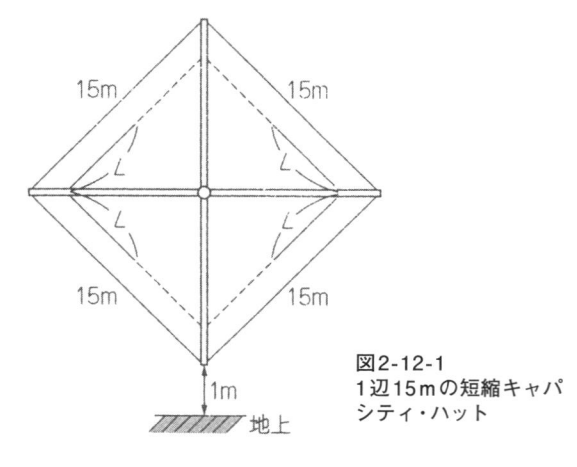

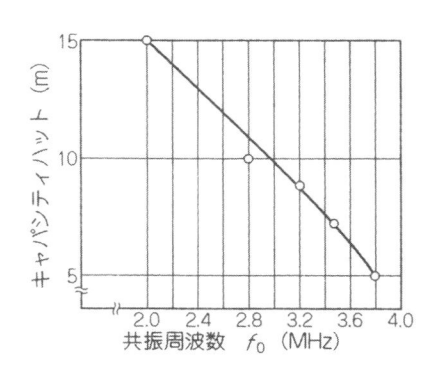

図2-12-2　図1のキャパシティ・ハットのデータ

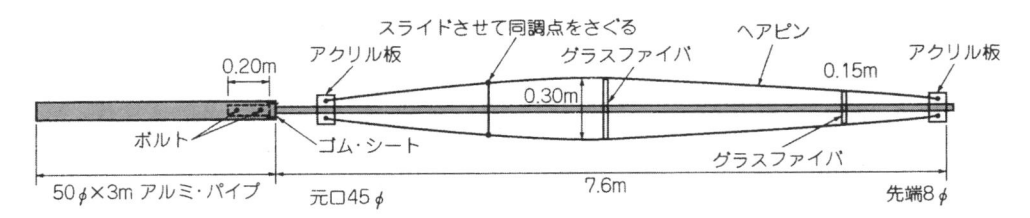

図2-12-3 スプレッダに張ったヘアピン・リニア・ローディング

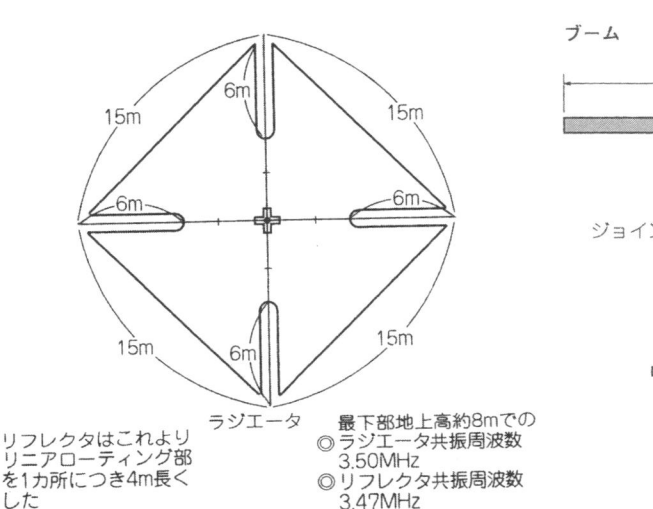

図2-12-4 3.5MHzリニア・ローディング

リフレクタはこれより
リニアローディング部
を1カ所につき4m長く
した

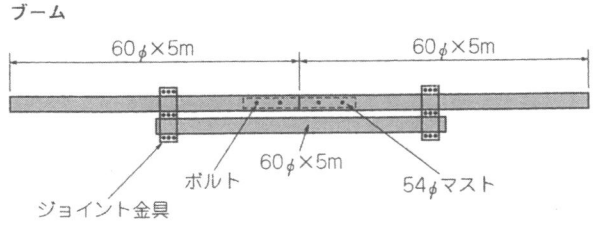

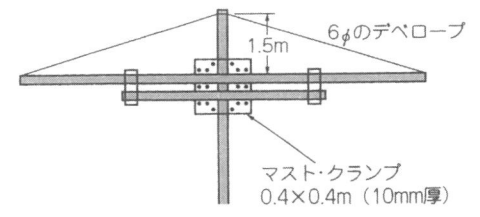

最下部地上高約8mでの
◎ラジエータ共振周波数 3.50MHz
◎リフレクタ共振周波数 3.47MHz

図2-12-5 ブームと補強のようす

レッダに（図2-12-3），約30cmの間隔でループの内側に，短縮用のヘアピンでリニア・ローディングを張りました（図2-12-4）．

ループの製作

それまで使っていたパーフェクトクワッド社製7MHz用2エレ・クワッドの部材をそのまま利用しました．

スプレッダには7MHzのグラスファイバ7.8mと50mm径のアルミ・パイプ3mものをジョイントし，10.5mの長さにしました．

クロス・マウントは7MHzのもので十分強度もあり，支障ありません．

ブームはφ60mmの5mものを2本ジョイントし，10mのブームとしました（図2-12-5）．

ジョイント部分には，52mm径のクリエート・デザイン製のマスト・パイプを中に入れて強度をもたせました．また，中央部は60mm径の5mものを平行にマストに取り付け，中央部のみダブル・ブームとし，両端を6mm径のデベロープで吊ってあります．

クワッドは水平エレメントと地上が平行の正四角形が原型と思いますが，**写真2-12-3**のように十字クロス状にしています．これは製作上都合のいいことが多いのと，風の影響もこの形のほうが少ないようです．

エレメントについては，7MHzでもエレメントの自重でスプレッダが曲がることがありました．

写真2-12-3 スプレッダは十字クロス状にしている

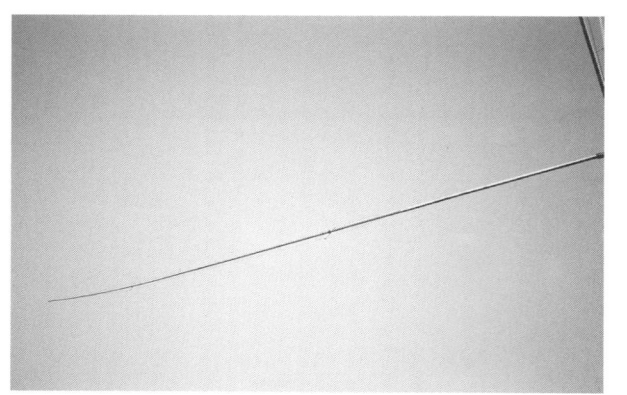

写真2-12-4　スプレッダ先端のヘアピン・ローディング部

　福井県は眼鏡フレームの生産が日本一とか，「チタンに銅を被覆したワイヤがある」との情報を得てさっそく200mほど手に入れ，エレメントとして使用しました．表皮効果でチタンの抵抗分はいくらでも関係ないだろうと，勝手に解釈し使用しました．

組み立て

　地上でスプレッダにリニア・ローディング部分を取り付けます（写真2-12-4）．ここでグラス・ファイバのスプレッダとアルミ・パイプをジョイントしておきます．
　私のクリエート・デザイン製KT20Sタワーは，図2-12-6のように電動ウインチで上下できるようにしてあるので，最下部までエレベーションを下げておきました（写真2-12-5）．
　ブームにクロス・マウントを固定しブームをマストに取り付けます．クロス・マウントには垂直上部

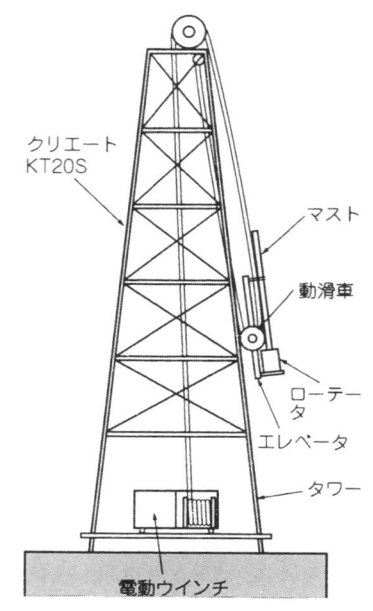

図2-12-6　タワー上での組み立てのようす

と左右のスプレッダの3本を取り付けます．このとき，銅被覆のチタン・エレメントを最上部から左右のスプレッダの先端に取り付けます（図2-12-7）．チタンは非常に堅い材質で，思うように曲げたりはできませんから，ツイスト・ジョイントなどまずできません．しかし，銅被覆なのではんだあげは可能で重宝しました．
　ラジエータとリフレクタの2エレ分，計6本を取り付け終わったら，下側のスプレッダ用のアルミ・パイプのみクロス・マウントに取り付けます．ブームの地上を約8mまでエレベーションを上げ，2エレ分

写真2-12-5　電動ウィンチを利用してアンテナを上下させる．150kgは軽々と上下できる

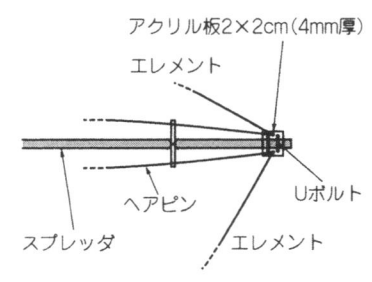

図2-12-7　スプレッダ支持部

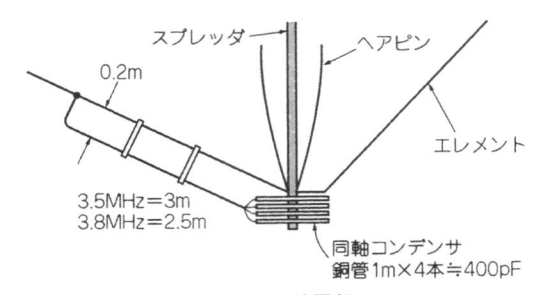

図2-12-8　ガンマ・マッチ給電部

写真2-12-6　スプレッダを固定するためにコンクリート柱を建てた．調整も楽にできる

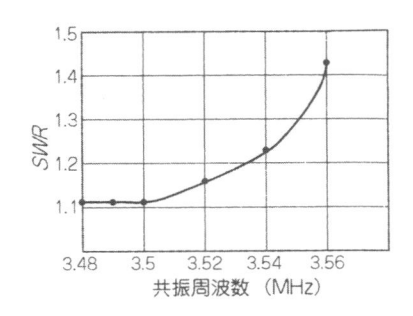

図2-12-9　SWR特性

の下側のグラスファイバのスプレッダを固定し，最先端にエレメントを取り付けます．

これで1ループ約60mのループが完成です．私はスプレッダとブームの固定用ということで，スプレッダに沿って，パンザマスト8mものとコンクリート柱7.5mものを建てました．これで調整も楽ですし，冬の強風時は固定でき安心です（**写真2-12-6**）．

エレメントの長さやリニア・ローディングのヘアピンの長さはまったくのカット＆トライです．

約3カ月間のデータ取りで毎週の土，日曜日はほとんどつぶれてしまいました．

マッチング

オーソドックスなガンマ・マッチです．1mの空調用冷媒銅管を4本連結し約400pFにしました（**図2-12-8**）．スプレッダが十字状なのでいちばん地上に近いスプレッダにマッチング部分を取り付けることができ調整も簡単でした．

調整

3.5MHzのSWR（**図2-12-9**）は1.2の幅が30kHzくらい取れています．CWバンドでは1.1で反射はほとんどない状態です．ガンマ・マッチの調整法については多くの製作記事が発表されていますので省略します（**写真2-12-7**）．

3.5と3.8MHzの切り替え

切り替えは，まったくの手作業です．下側のスプレッダに沿ったリニア・ローディングのところで，3.5/3.8MHzに同調する場所を調べておきます．3.5MHzに出るときは3.8MHzでの同調部分をカットする，ということでリフレクタの切り替えをしています．3.8MHzから3.5MHzにするときは，またカット部分をはんだあげするという原始的なことをやっていますが，無線家なのでしかたありません．ラジエータの切り替えも同調点のポイントを移動することで変えています．バキューム・リレーが欲しいのですが高価で手が出ません！

運用してみて

組み立てから調整まですべて1人で完成させまし

写真2-12-7 ガンマ・マッチ部.下はコンクリート柱.調整用のほかにスプレッダの固定用としても使える.強風時にはたいへん有効

写真2-12-8 左のタワーが3.5/3.8MHz 2エレ・クワッド.右のタワーは14/21/28MHz 2エレ・クワッド.大きさの違いがおわかりいただけるだろうか

た.その充実感は言葉ではいい表せないものがあります.飛んだ,飛ばないは二の次で,十分に遊べました.

 F/Bは,遠い局には顕著に表れます.フロントで599がバックでは455にまで落ちるときもあります.近場の太平洋やUゾーンには599が569くらいとなります.

 地上高が20mと,このバンドでは標準以下ですのでしかたのないことでしょうか.やはり,高さのあるビッグ・アンテナをお持ちの方が軽々とQSOされている中,ぜんぜん入感しないことも多くありました.また,冬のスノー・ノイズに対しては威力を発揮しました.やはりループ・アンテナはスノー・ノイズに強いことを実感しました(**写真2-12-8**).

 3.5/3.8MHzでのビーム・アンテナは大きさが大きさだけに,ご近所に不安や脅威も与えていることも事実です.ただこのバンドはお日様が苦手なバンドで,とてもいいバンドです.エレベーションを使って降ろしておけば昼はそれほどご近所の目に付きません.また,風の強い日などアンテナを下げておけば安心です.

おわりに

 クワッド・アンテナはやればやるほど深いものがあります.この蜘蛛の巣のようなワイヤ・アンテナがアルミ・パイプのビッグ・アンテナの局と並んでDXとQSOできる喜びは道楽の極みでしょうか.

 20m高のタワーに上がった3.5/3.8MHzのクワッドの横をシベリアに帰る白鳥が飛んでいきます(当地は白鳥の飛来地「瓢湖」から200mの所).

 とにかく1年半クワッドのみで3.5/3.8MHzを運用し,QSLを100枚集めることができました.標準的な20m高タワーで7MHzのクワッドをお持ちの方,ぜひ3.5/3.8MHzのクワッドにトライしてください.

《参考文献》
- 鈴木肇:キュービカル・クワッド,CQ出版社.
- CQ ham radio編集部:ループ・アンテナハンドブック,CQ出版社.

「もう20年近くになりますが,5BAMD DXCCをすべてQUADで達成しようと,最後の3.5/3.8MHzと28MHzに躍起になっておりました.本記事のアンテナで,3.5/3.8MHz短縮2エレ・クワッドで210カントリーほどと交信し,無事,クワッドでの達成がかないました.まだ500W局のころですが(その後1kWになった),この感激は忘れられません.」

JA0GSB 山田 幸己

※本書掲載にあたり,山田OMからお便りと写真をいただきました.
(編集部)

2-13 50MHzスパイラル・リング・アンテナの製作

水平偏波に応用
（1999.10）
JA3UHW/1　池邨 治夫

CQ ham radio誌（1999年3月号, p.131）にJE1BQE 根日屋英之氏が発表された「スパイラル・リング・アンテナ」の記事を参考に50MHz用のものを製作したところ，極めて満足のできる結果を得ました．ご参考までにレポートいたします．

製作

アンテナの各部寸法は3月号の記事の計算例をそのまま50MHzに当てはめました．図2-13-1にその概要を示します．

材料には#18（直径1.1～1.2mm）のステンレス線を用い，ループ全体は，グラス・ファイバ製釣竿の先端部分を十字型に用いて支持する形にしています．

コイルの直径が大きくなり，かつ間隔が広がったためか，最初の共振周波数は42MHz付近となっていました．カット＆トライで1mほど短くして，50MHz付近に共振するように調整しました．これに伴い，コイル径は14.5cmから，調整後は約11.5cmとなりました．ループ全体の大きさを変えないようにカットしたため，コイルの直径が1割ほど小さくなったことになります．また，支持方式の関係上，ループというよりも菱形に近い形状となっています．

ベランダ手すりに設置しての調整でしたが，周囲の影響を受けやすく，特に建物に平行にすると共振周波数とSWRが大きく変動します（図2-13-2参照）．ただし建物に対して直角にしている限りは大丈夫のようです．

写真2-13-1　ベランダに設置した50MHzスパイラル・リング・アンテナ

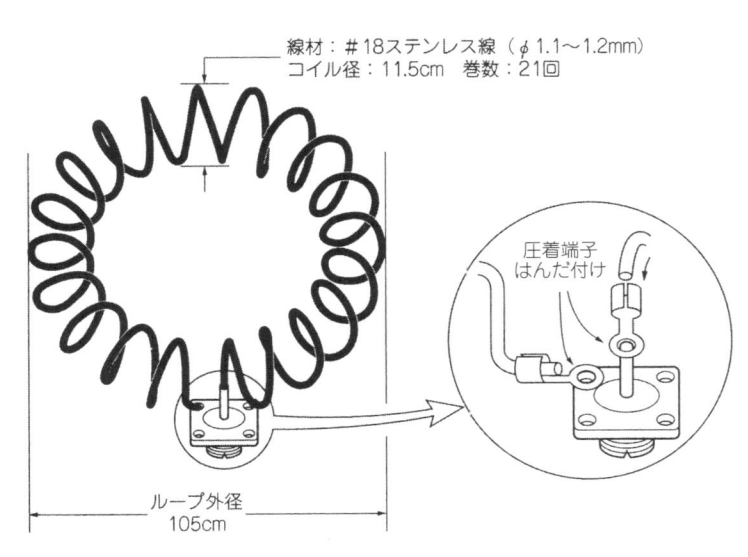

線材：#18ステンレス線（φ1.1～1.2mm）
コイル径：11.5cm　巻数：21回

圧着端子はんだ付け

ループ外径 105cm

図2-13-1
50MHzで製作したスパイラル・リング・アンテナの概要

結電部は角座付きのメスのM型コネクタにあらかじめ圧着端子をはんだ付けし，それにアンテナ線を通して折り曲げもしくは切断しながら調整を行い，最終的にカシメるという方法を採った．マッチング回路などは使用していない．線材をより軽量のアルミ線にしようとすると，剛性が足りずにコイルが垂れ下がってしまうため，多数の支持材が必要となる．銅線を用いた場合は重さのため釣竿の先端部分では支えきれなかった．またステンレス線はコイル状にしても弾性のために直径が大きくなってしまう．その分を考慮して小さめのコイルを巻くようにすると良い．製作後1か月ほど経っているがかなりの風にも耐えている．ときおり点検して全体の形を整えるようにしている

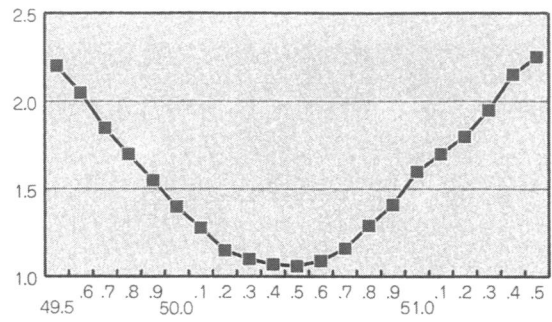

図2-13-2　50MHzスパイラル・リング・アンテナのSWR値
ベランダに設置した状態で，同軸ケーブルを介して測定した．アンテナ・アナライザはBR-200を使用

使用結果

　肝心の使用結果ですが，アンテナをベランダの手すりを用いて垂直に，かつ建物に対しては直角に立てた状態（約半分はひさしの下）に設置し，後述のベランダから外に突き出した短縮型水平ホイップと比較したところ，
- 雑音強度：Sメータで2〜3減少
- 信号強度：Sメータで2〜3増加

となりました．受信感度が非常によくなり，遠方の局との交信も容易になりました．Eスポ伝搬でももちろんうまく交信できています（使用したリグは八重洲のFT-920，測定器はクラニシのBR-200）．

　予想外の利点はこのアンテナが，地上からはすこぶる見えにくいということ．私は，いわゆるアパマン・ハムで，公団住宅の5階建ての5階角部屋に住んでいますが，いままで50MHz帯のアンテナを水平偏波で使うのはなかなかたいへんでした．やむなく全長1mほどの短縮ホイップを自作して水平に突き出して使用していましたが，とても軽快に使用できる環境ではありませんでした．

　今回，スパイラル・リング・アンテナを用いることで，その悩みが一挙に解決したことになります．私と同じような環境で50MHzへのQRVを断念されている方も，一度お試しになる価値は十分にあると思います．

写真2-13-2　設置前の50MHzスパイラル・リング・アンテナ

Chapter 3 八木系アンテナ編

タワーに載ったHFの八木アンテナは，アマチュア無線家のシンボル的存在．入門したての人たちにとっては，いつかは八木アンテナでDX局をコールする日を夢見るものではないでしょうか．本章ではその八木アンテナを手作りします．自作の八木アンテナで交信したDX局は一生忘れない思い出となるでしょう．

3-1 釣竿＋300ΩTVフィーダで作る 軽量14MHz 3エレZLスペシャル
（1998.1）　　　　　　　　　　　　　　　　　JH5ADG　中西 純二

開局20年，いまだ市販品のアンテナを使ったことがない…という変なプライドを持ってアンテナ製作に頑張ってきました．

DX局がオンパレードの14MHzも，竹で作った2エレ八木で，そしてアルミ・パイプを使ったGPと，いろいろアンテナ製作を楽しんできましたが，そろそろもう少しゲインのあるアンテナが欲しくなり，ZLスペシャルの製作を考えました．

材料

釣り具屋で渓流釣り用のグラスファイバ製の4.8m竿を6本購入しました．最近は韓国製の竿が1本1,000円くらいで売られています．TVフィーダは，私の父親が電気工事業を営んでいる関係で，100m巻きを購入しましたが，お店で買ってもそんなには高くはないと思います．

エレメント接続部に使用する塩ビ・パイプは，DIYショップで買います．このとき使用する竿の取っ手部分の太さを確認しておきましょう．購入する竿の径に合わせておかないと，パイプに竿が入らないことがあります．

エレメント（竿）をパイプから抜けないようにするためのホース・バンドは，できればステンレス製のものを購入してください．錆びの心配がありません．またホース・バンドはドライバで締めるものにすれば，作業が楽です．

ブームはなんでもよいのですが，できればコンジット・パイプをお勧めします．

製作

図3-1-1にある計算式に従って，エレメントの長さを割り出します．計算式の詳しい説明は割愛しますが，300Ωリボン・フィーダのエレメントの短縮率は0.85程度です．ただ給電点の高さや周りの建物などの影響によりSWRが変化するので，最終的には

エレメント計算式

ラジエータ　$(R_a) = \dfrac{150}{f} \times K$

リフレクタ　$(R_e) = 1.03 \sim 1.045 R_a$

ディレクタ　$(D_e) = 0.94 \sim 0.97 R_a$

間隔1 $(S_1) = \dfrac{300}{f} \times \dfrac{1}{8} \times K$

間隔2 $(S_2) = 0.09 \sim 0.25 \times \dfrac{300}{f}$

$f =$ 使用周波数(MHz)

$K =$ 波長短縮率(TVフィーダだと0.85)

釣竿（グラスファイバ製）に300Ωリボン・フィーダをビニル・テープ止めする．

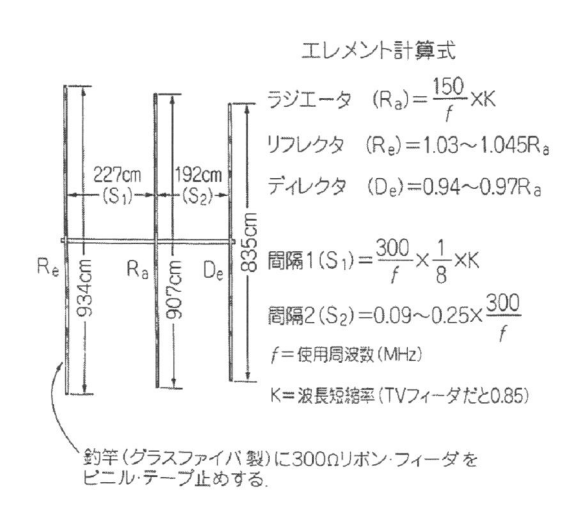

図3-1-1　アンテナの構造と寸法

（寸法：S_1 = 227cm，S_2 = 192cm，R_e = 934cm，R_a = 907cm，D_e = 835cm）

※　300Ωリボン・フィーダは入手が難しくなっていますが，電材屋さんで販売されている場合もあるようです．(編集部)

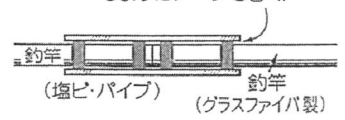

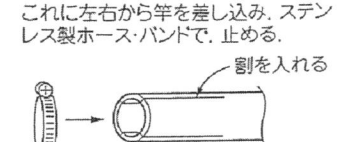

図3-1-2　給電部の処理

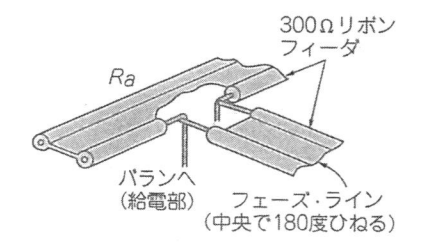

図3-1-3　給電部の処理

カット＆トライが必要です．

塩ビ・パイプを60cm程度にカットし図3-1-2に示すように十字に"割り"を入れます．エレメントとなる竿は手元に竿先が抜け出ないようにストッパが付いていますから，ここをのこぎりなどでカットします．また竿は先にいくにしたがい細くなっていますから，ビニル・テープなどで塩ビ・パイプの内径に合わせテーピングします．こうすることにより，エレメントが安定しますし，抜け防止にもなります．

このように6本のエレメントを製作し，先に割りを入れておいた塩ビ・パイプに左右から差し込みます．このとき先にホース・バンドを塩ビ・パイプに通しておきます．エレメントを差し込んだ後から通すのは，時間もかかります．

6本の竿を塩ビ・パイプに差し込んだらしっかりとホース・バンドで締め付けます．

エレメントの工作

ディレクタ(Di)用のフィーダは，Qを下げる意味で両端と中央を短絡します．

ラジエータ，リフレクタともに両端を短絡しておきます．これらを先に製作しておいた竿エレメントにビニル・テープでテーピングしていきます．次にリフレクタとラジエータ・エレメントの中央部分は，同じリボン・フィーダ(フェーズ・ライン)を180度ひねって接続します．

図3-1-3ではバランを使用するようになっていますが，私はバランを入れずに使用しています．

ブームへの固定方法は，なにぶんグラスファイバの竿ですから非常に軽く，特に気を使うこともありません．私はクロス・マウントを使用しました．

使用感

エレメントをカットするとき，短縮率を0.89と若干少なく取ったら，ちょうど14.050MHzあたりで同調がとれていました．私はCW運用がほとんどのため，このあたりでOKとしました．

ビーム・パターンは取っていませんが，VKの信号を聞きながら，360度回してみるとRST599で入感している局だと，サイドに入ったところでは，S1くらいまで落ち込みます．サイドの"切れ"はクワッドなみ!!でしょうか．

私の家は四国山脈の真ん中にあり，山の中腹に位置しているため，北，西方面にはまったく開けていません．そんななか，このアンテナを上げた数週間で南アフリカ，ヨーロッパなどの数局とQSOができました．

このアンテナは製作から5年が経ちますが，数回の台風にもエレメントが"柳に風"のごとくで，いまだ折れていません．

現在このアンテナは6mのルーフ・タワー上に載せています．ブームに使用しているコンジット・パイプを，先日DIYショップで見つけたステンレスの物干に替えようかと思っています．1本1,200円程度です．エレメントがグラスファイバですし，こんなブームでも十分ではないかと考えます．

《参考文献》
● 角居洋司，吉村裕光：アンテナ・ハンドブック，CQ出版社．

3-2 21MHz 2エレ八木 移動スペシャル

組み立て・解体がわずか3分
（1995.12）
7L3LVX　大森 雄

私は，もっぱらモービルと移動運用でHFを楽しんでいます．

移動運用のときいつも気にするのは，電波の飛びもさることながら，セットアップと撤収の容易さです．天候の悪い日などは尚さらです．

そこで，ある程度の利得が期待できて，しかも短時間で組み立て，解体のできる21MHzの2エレ八木を製作しました．全体の概略を図3-2-1に示します．

材料

管材は，ブーム用に φ25mm 長さ2m のアルミ・パイプ1本，エレメント用に φ16mm 長さ1m のステンレス・パイプ3本と φ13mm 長さ2m および同じく φ10mm のアルミ・パイプ各4本を使用しました．ブームとエレメント，ブームとマストとの固定には市販の金具を用いました．

給電部は**図3-2-2**および**写真3-2-1**のとおりで，塩ビ・パイプ（φ22mm 長さ20cm）を用いた構造です．電気的なデザインは，CQ出版社の『アンテナ・ハンドブック』を参考にしました．エレメント間隔は1.7m，放射器長約6.8m，導波器長約6.4mです．

組み立てやすさのポイント

以下の5点が特徴です．

① エメントは，アルミ・パイプの抜き差し式で，図3-2-1のとおり差し込み部分のオーバーラップ

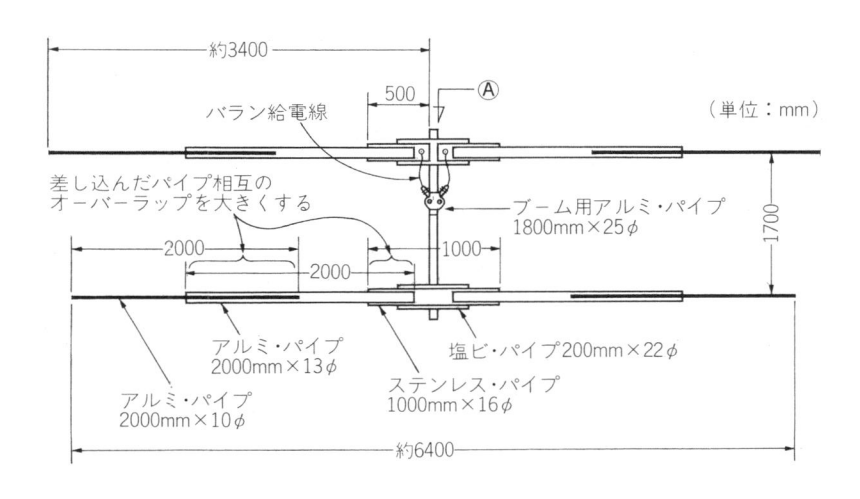

図3-2-1　全体の構成

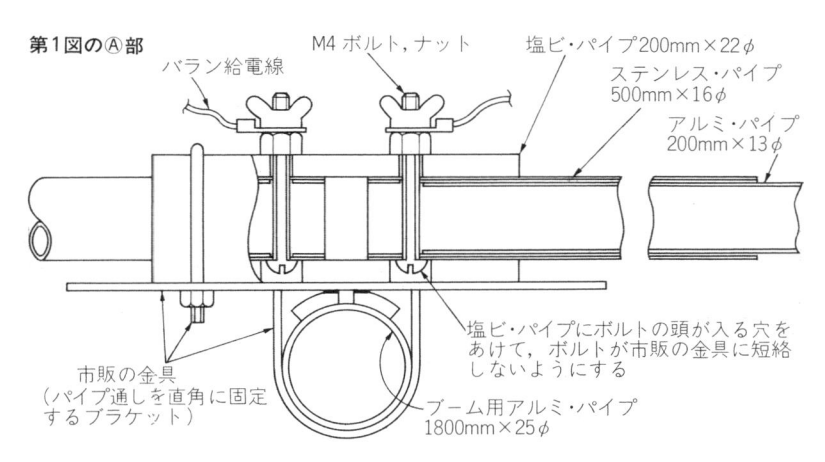

図3-2-2　給電部の詳細

写真3-2-1 塩ビ・パイプを用いた給電部
バランからの給電線は,蝶ナットで固定する.バランもスプリングを用いてブームにワンタッチ装着する.左が表面で右が裏面

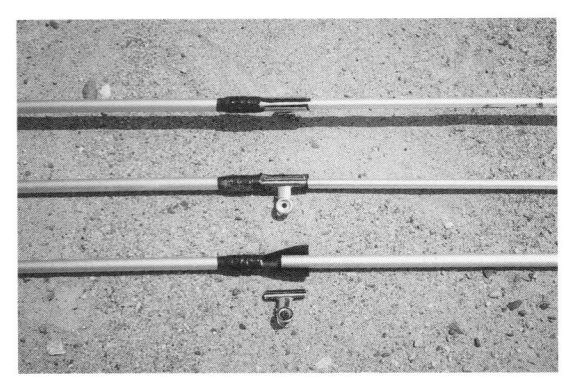

写真3-2-2 事務用クリップでワンタッチ装着
抜き差しも自由

を大きくとります.差し込んだパイプ相互の固定は,太いパイプ側に接着剤とハリガネで1mm厚のゴム板を巻き付けておき,差し込んだ細いパイプとゴム板を事務用クリップで挟む方式です(**写真3-2-2**).

これで使用上十分な強度で固定できます.しかもエレメント長の調整はワンタッチ,かつ自在です.

② ブームに固定された根元のエレメントには,ステンレス・パイプを使用して強度を稼ぎ,なるべくエレメントの垂れ下がりを少なくします.セットアップ状態を**写真3-2-3**に示します.同写真のとおり,比較的軽量なので移動用伸縮アルミ・ポールとタイヤベースで立てられます.

③ バランも背面にゴム板を貼り,スプリングでブームにワンタッチで装着します(**写真3-2-1**).

④ 車載時や保管時には,アルミ・パイプのエレメントを引き抜くだけです(**写真3-2-4**).

⑤ 組み立てのコツは,立てたマストにブームを取り付けてからエレメントを差し込むことです.

性能と汎用性

ササッと3分.湯を注いだカップめんができあがる時間で組み立てられる21MHz 2エレ八木のSWR特性は,バンド内全域で1.2以下でした.

定量的には評価していませんが,気になる電波の飛びや受けもダイポールに比べて良好です.

邪道ですが,エレメント間隔は1.7mのままでも,エレメントの長さを調整すれば24MHzや28MHzでもSWRは落とせます.移動先で,利得などは度外視して,とりあえずこれらのバンドにすぐQSYしたい,そんなわがままな欲求も速やかに解消できます.

本アンテナの製作にあたり,ご指導いただいた7L3LYK 武藤氏に誌面をお借りしてお礼を申しあげます.

《参考文献》
● 角居洋司,吉村裕光;アンテナハンドブック,p.97,CQ出版社.

写真3-2-3 根元のエレメントにステンレス・パイプを用いることで,垂れ下がりを抑える

写真3-2-4 車載時や保管時は,バランをはずしてエレメントを引き抜くだけでOK

3-3 ロッド・アンテナ使用 シンプル50MHz 2エレ八木
（1995.6）

7L2PXZ　秋葉 正史

1.6m長ロッド・アンテナがスタート

1年ほど前に秋葉原のパーツ屋さんで目についたのが，今回使用するロッド・アンテナ（伸縮アンテナ）です．伸ばしたときの長さは1.6mもありました．

これなら小さな50MHz用のアンテナができそうだと思い4本購入しました．さっそく，試作し，2か月ほど移動に使い，その後10か月間ルーフ・タワーに取り付けて使用しましたが，弾力があるためか，台風のときにも無事でした．

今年のEスポ・シーズンを間近にして，手直しとメインテナンスのためにマストから降ろしました．

基本と動作

このアンテナは，1/2波長ダイポールが基本となっていて，もう一方のエレメントを放射器よりやや短くして導波器としています．またやや長くすると反射器として働きます．この「やや」とか図3-3-1のようにエレメント間隔は「0.2波長くらい」という説明は，実験意欲をそそられます．

パーツと組み立て

使用パーツは図3-3-2に示すもので，加工といえば図3-3-3の給電部の穴あけと，図3-3-4のブームをつなぐところのアルミの折り曲げと穴あけくらいです．

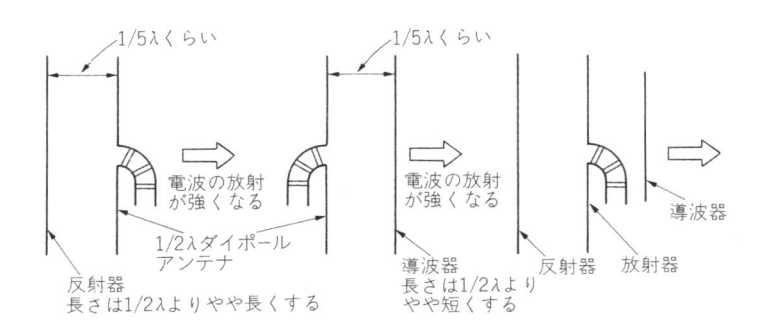

図3-3-1
八木アンテナの基本（出典：『上級ハムになる本』CQ出版社）

図3-3-2　集める材料

また，このアンテナは，平衡給電型の基本ダイポールなので，不平衡の同軸ケーブルで給電するためには，不平衡－平衡変換用バランが必要です（図3-3-5）．寸法はラフでも十分に機能しました．

ダイポールから実験

まず，ロッド・アンテナを使用して，ダイポール・アンテナを製作し，エレメントの長さによる共振周波数の変化を調べてみました（図3-3-6）．アンテナの作り方，エレメントの材質にもよりますが，アンテナの短縮率をかけずに計算した値にほぼ近くなりました（このダイポールの場合，ロッドの長さが147.5cmでSWRが低くなった）．

次に放射器の長さを147.5cmとし，エレメント間隔を96cmに固定して，導波器の長さを変えてみたとき，260cm（片側130cm）に最良点がありました．

最後にエレメントの間隔を変えてみましたが，このアンテナのブーム長では最大幅96cmまでしか調べることができず，不満も残り，再度，150cm（¼波長）のブームに変えて実験してみようと思います．

以上のように三つの要素が複雑に関係していて実

写真3-3-1 2エレとはいえ調整は必要．周囲が開けたところで調整を行う

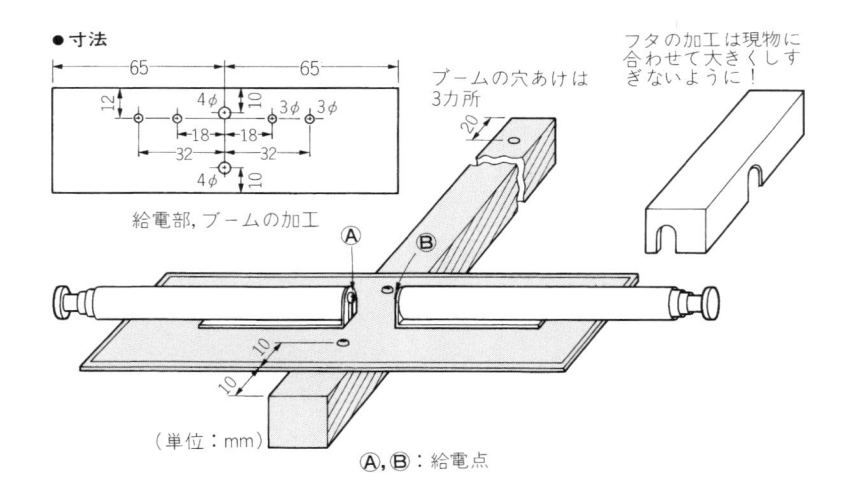

図3-3-3 ケースの加工

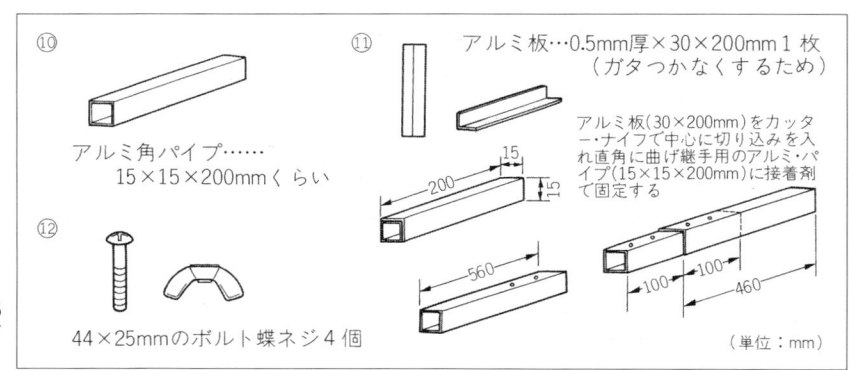

図3-3-4
収納時をより短くする（約55cm）省スペース化のためのブームのつなぎ方

3章　八木系アンテナ編

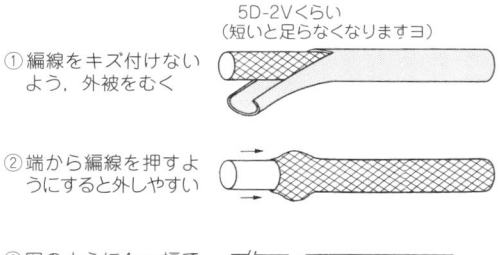

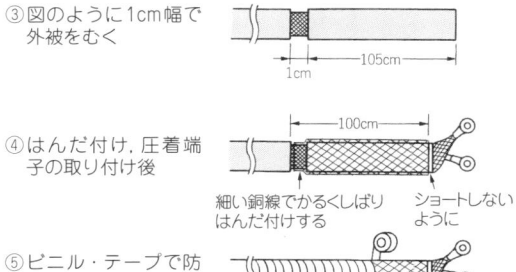

① 編線をキズ付けないよう，外被をむく
　5D-2Vくらい（短いと足らなくなりますヨ）
② 端から編線を押すようにすると外しやすい
③ 図のように1cm幅で外被をむく
　1cm　105cm
④ はんだ付け，圧着端子の取り付け後
　100cm
　細い銅線でかるくしばりはんだ付けする
　ショートしないように
⑤ ビニル・テープで防水する

図3-3-5　シュペルトップ・バラン

写真3-3-2　写真上は2本つなぎブームのつなぎ部分．"ガタ"止めのために，写真下のようにL型に曲げたアルミ板を挟んだ．内寸法は要調整

写真3-3-3　収納しやすくするため，ブームを2本つなぎとした．その接続点のようす

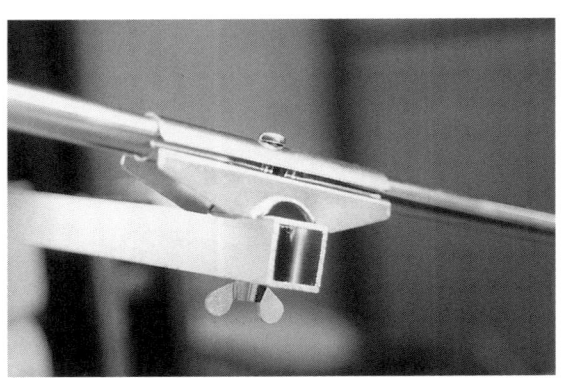

写真3-3-4　導波器を留めるエレメント・ブラケットのようす

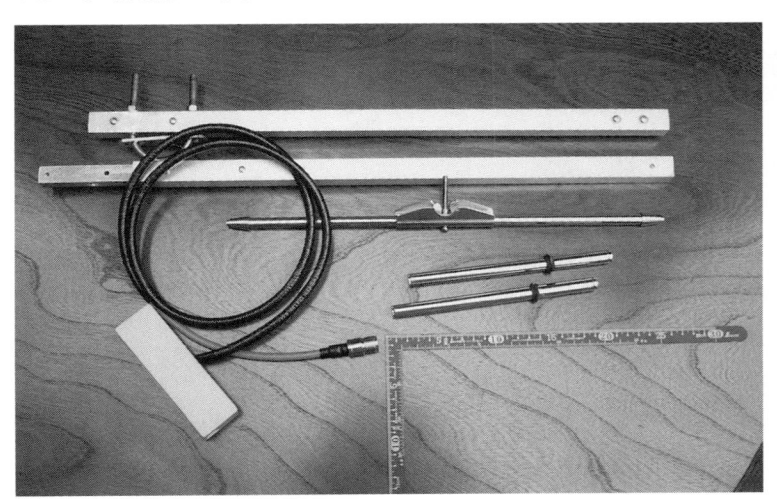

写真3-3-5　分解するとこんなにコンパクト

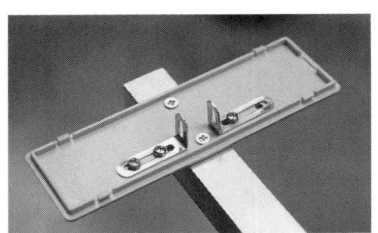

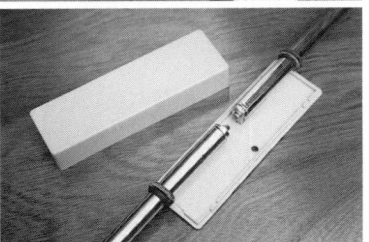

写真3-3-6　給電部（ケース）の加工．中はL型金具でロッド・アンテナが動かないように固定している

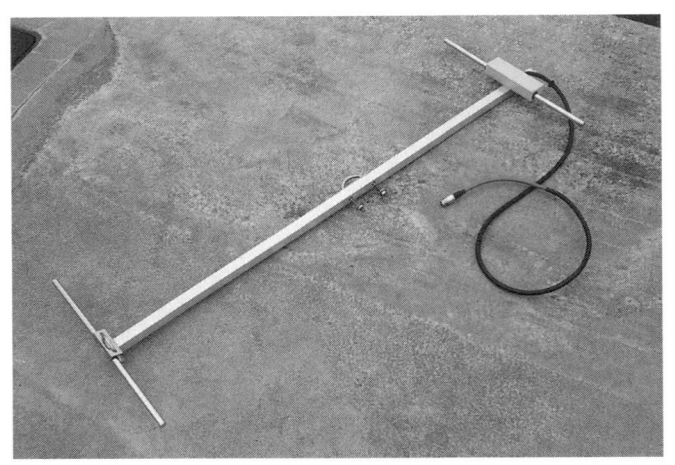

写真3-3-7 ブームを2本つなぎにしない場合は，1本のパイプ・ブームでOK．それでもまだコンパクトに仕上げることができる

写真3-3-8 導波器の位置決めの調整時に使ったブラケット

験はとても興味深いものになりました．

しかし，こんなアンテナでも，サイドの切れはとても良く，F/B（フロント・バック比）のSメータの差も2～4くらいありましたので，自分では満足しています．何よりもエレメントをカットすることなく，伸縮でき，納得するまで調整を行えるのはこのアンテナの利点だと思います．

最後に

各パーツもそれほど多くなく，加工も簡単，そして見た目にもすっきりとした2エレ八木アンテナができます．昨年のゴールデン・ウイークだけでもピコ6で日本中と交信できました．

材料さえそろえば2～3時間で作れると思います．あとは屋外へ出て，ゆっくりと調整してみてください．このアンテナを作ったせいか50MHzが前より好きになりました．

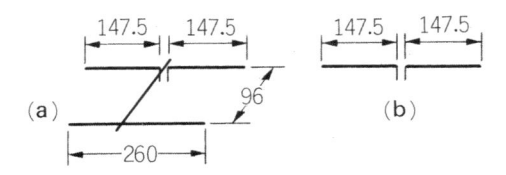

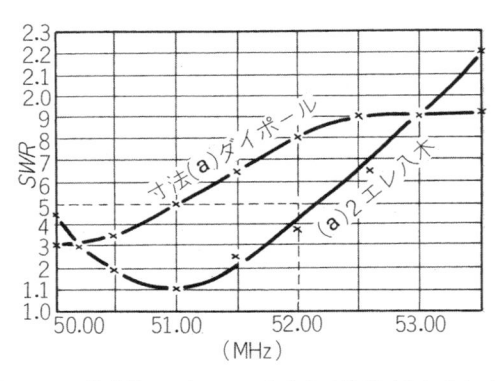

図3-3-6 ダイポールと2エレ八木との比較（それぞれ実験でもっとも良い特性を記した）

3-4 山岳移動に便利
50MHz 3エレHB9CV
（1996.5）

JP1BQA　宮田 豊秋

車で登れる所より，山頂移動のほうが飛びは良いはずです．しかし移動となると「分解，組み立てが楽で，コンパクトになり，しかも利得があるアンテナが欲しい」そんな欲も生じてきます．そこで考案したのがこの3エレHB9CVです（**写真3-4-1**）．

山岳移動では電源も持ち歩きますから，全体の荷物を軽くしなければなりません．過去にロッド・アンテナを使ったHB9CVを使用していましたが，エレメントが6本になると重いのです．これを反省してアルミ・パイプを使って軽く作ったのが，このアンテナです．

図3-4-1のように，まず5D-2V用のM型コネクタに

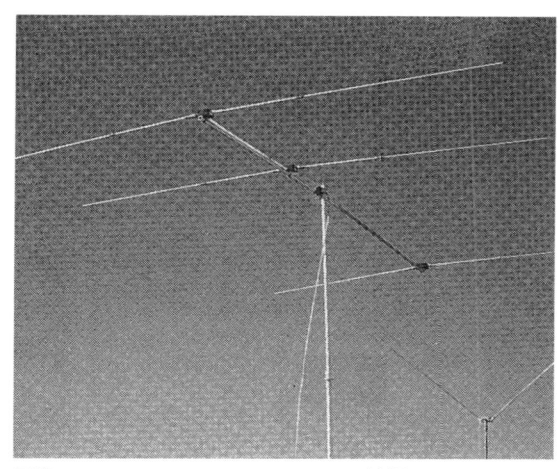

写真3-4-1　50MHz 3エレHB9CVの外観

φ8mm×50mmのパイプを差し込み，その外側にφ10mm×500mmを差し込みます．さらにφ12mm×50mmを差し，タッピング・ビスでコネクタに固定します．

パイプの太さや厚さにより緩みのある場合は，アルミ板をハンマでたたいて薄く延ばしたものをパイプとパイプの間に狭み，パイプをたたき込むようにします．

φ10mmのパイプの先に真ちゅうなどの金属で内径10mm長さ6mm程度のパイプを取り付け，横からネジ穴を付けておきます．全体の長さは490mmにして144MHzでも使えるようにしたほうがよいでしょう．

①の先に差し込むエレメントはφ8mm×500mmのパイプにφ6mm×500mmのパイプを差し込んで長さ970mm程度にしてカシメます．この②をM型コネクタを付けたパイプに差し込んで1本のエレメントが完成です．これを合計6本作ります（**写真3-4-2**）．

エレメントを取り付けるマッチング・ボックスは，タカチの50mm×75mmの箱の両側に四角型のコネクタ受け（レセプタクル）を取り付け，Uボルトでブームに仮固定します（**図3-4-2**）．ブームと箱の間には凹型座をコの字型アルミ棒で作って入れておけば，しっかり固定できます．HB9CVのラジエータとリフレクタ間は750mm前後です．300Ωのテレビ用フィーダでラジエータの右側とリフレクタの左側というようにクロスしてつなぎます．

マッチングは4:1のバランと50pFのバリコンを使い，エレメントの長さを基本にしてバリコンで調整します．

ブームはφ22mm×1400mmのパイプにφ18mm×1400mmのパイプを差し込み，伸縮できるようにします（**図3-4-3**，**写真3-4-3**）．

図3-4-1　エレメントの・パイプの構造

写真3-4-2　給電部とエレメント．コネクタの付け根のようすがわかる

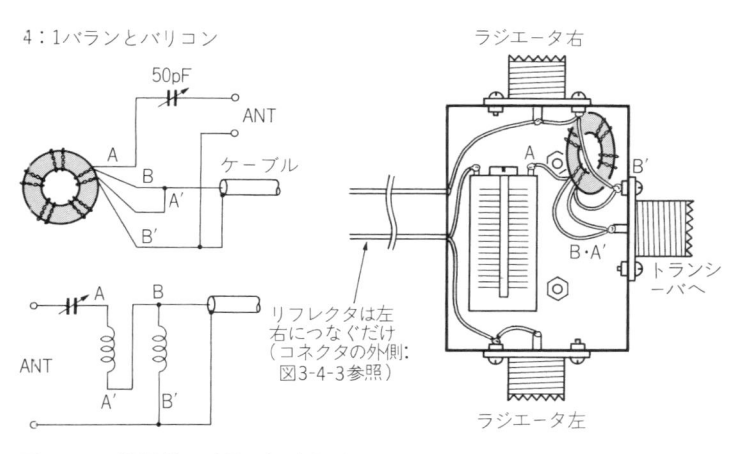

図3-4-2　給電部のバランとバリコン

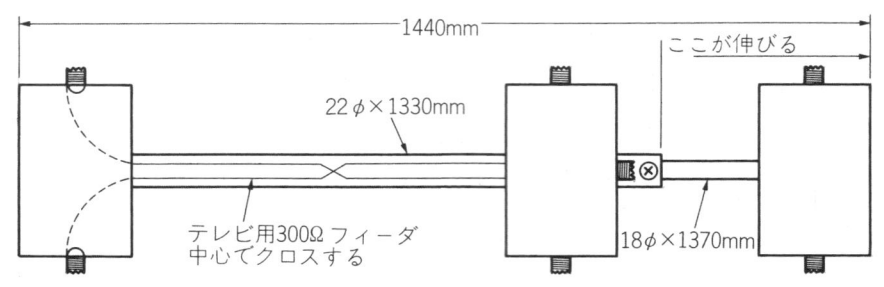

図3-4-3　ブームの構造

写真3-4-3　ブームを縮めたところとエレメントのようす

リフレクタを2910mm，ラジエータを2780mmにして簡易マストに取り付け，電界強度計とSWRメータでテストを行います．SWRは1.5以内に入っているはずですが，さらに最良の状態に調整します．ラジエータとリフレクタ間を広げればバックが抜けますが利得は上がります．利得優先か指向性かどちらをとるかは貴方しだいです（**図3-4-4**）．

エレメントの調整が終わったらそれ以上パイプ接合部が差し込まれないようにビニル・テープを巻いて固定おきます．このときエレメントごとに3色で区別しておくとよいでしょう．

写真3-4-1は調整中のHB9CVで，奥がV型ダイポールです．**写真3-4-2**の右側の箱が給電部です．この中のVCで調整します．フタは簡単に開くので，そのつど調整できます．

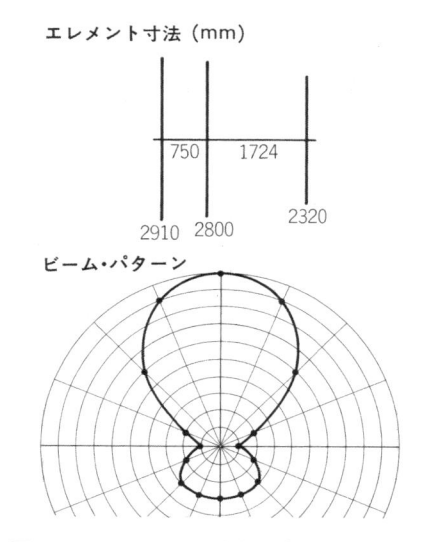

図3-4-4　エレメント寸法とビーム・パターン

3-5　18MHz広帯域50Ω直接給電八木アンテナの製作

釣竿＆コンピュータにより最適化

（2000.4）　JG1XLV　荒井 淳一

昨年の夏，ちょっとしたきっかけから18MHzのアンテナを上げることになりました（**写真3-5-1**）．すでに7MHzの2エレ八木，トライ・バンド（14/21/28MHz）の3エレ八木をタワーに上げている関係から，タワーに負担をかけず，しかも手軽に18MHzでDXが楽しめるアンテナということで，釣竿アンテナの製作にチャレンジすることにしました．

また，今回のアンテナ設計の過程で活用したアンテナ解析プログラム（MMANA）の使用方法についても簡単に紹介したいと思います．

写真3-5-1 広帯域4エレ八木アンテナの外観

写真3-5-2 釣り竿とエレメントとするアルミ・ワイヤ

釣竿アンテナとアンテナ解析プログラムの活用

今回の18MHz用アンテナの製作は,既存のアンテナ/タワーなどにあまり負担をかけないこと,そして,製作が簡単で,しかもDXがそこそこ楽しめることの二つがポイントです.

そこで,CQ ham radio誌およびHAM Journal誌でも数多くの実験結果と実績のある釣竿アンテナと,アンテナ解析プログラムとして日本語対応され,使いやすく,ユーザーも多い「MMANA」を活用することにより,効率的にアンテナ実験・製作を行うようにしました.

● グラスロッド製釣竿とエレメント・ワイヤ

使用する釣竿は,一般の釣具屋でも入手可能なグラスロッド製万能竿4.5m物です.元径24.5mm,先径1.8mm,5本継ぎで重さは270gです.アンテナ利用には太めでしっかりとした硬調竿がベターです.ちなみに,私の自宅近所にある上州屋(釣り道具の専門店)では,バーゲンセールで1本880円でした.

また,エレメント・ワイヤは,園芸用の2mmの太さのアルミ線を使用します.したがって,エレメント1本分で2,000円以下,重さにすると600g以内になる計算です(写真3-5-2参照).

● アンテナ解析プログラムMMANAについて

JE3HHT 森 誠氏作成のMMANAは,現時点(※)でバージョン1.68となるフリーソフトです.最新版プログラムは,次のURLからダウンロード可能です(写真3-5-3).

http://www.33.ocn.ne.jp/~je3hht/mmana/

写真3-5-3 MMANAダウンロード画面

ダウンロード,解凍したらソフトウェアのマニュアル(mmana.txt)を印刷します.なおMMANAの紹介記事もあわせてご覧になるとよいと思います(参考文献11参照).

また,このプログラムはWindowsのレジストリをいっさいいじらないので,安心してインストール/アンインストールが可能です.標準のアンテナ定義ファイルも各種そろっていて,初めての方でも簡単にアンテナの設計・最適化した結果を得ることができるようになると思います.

マイブーム!"釣竿アンテナ"

釣竿を利用したアンテナは超軽量であり,アンテナの上げ下ろし作業が楽なため,実験をしているうちにだんだんと大きなアンテナへとグレードアップしていきました.また,近所の釣具屋の売り出しのときには4.5m硬調のグラス竿を買い占めてしまったこともありました.ここでは私の半年間にわたる

※ 編集部注:2000年4月時点.

写真3-5-4 2エレHB9CVアンテナ

アンテナ実験についてまとめてみようと思います．

● 実験したアンテナと印象

　最初の釣竿アンテナは2エレのHB9CVでした（写真3-5-4）．フェーズラインとQマッチング・セクションはホームセンターで購入した50芯のACコードを利用しました．超軽量，性能の良さと，アンテナ作りの楽しさ，自作アンテナによるDXのおもしろさを，この最初の釣竿アンテナが教えてくれました．当初はこの2エレHB9CVで終わるはずでしたが，だんだんとエスカレートしていき，以来，半年間のうちに何度もアンテナ実験を楽しむこととなりました（**参考文献2** 参照）．

　次はブーム長3.8m，HB9CVの材料を活用した，ノーマル・タイプのフルサイズ3エレ八木です．マッチングは先のHB9CVで使用したACコードによるQマッチ．このアンテナも何度かの調整後，とてもFBにでき上がりました．

　そのころ，資料整理中に私の所属するDXクラブの会報にJA1BRK 米村氏が紹介された"コンピュータで最適化された4エレ八木アンテナ"に目がとまり，さっそくMMANAにデータを入力し最適化してみたところ，その結果は非常に安定した特性と性能で，今までにない新しいタイプの八木アンテナであることがわかりました．すぐに4エレ八木アンテナの製作に取りかかり，実戦においても，コンピュータで最適化された4エレ八木の実力を感じとることができましたので，紹介したいと思います．

● W1JRタイプの八木アンテナ設計

　W1JR, Joe Reisertデザインによる新しい八木アンテナ設計手法では，従来の給電点インピーダンス値（約数10Ωから30Ωくらいでマッチングが必要）から50Ωになるように設計されています．

　最高ゲインを目指した八木アンテナと比べると約1dBのゲイン低下はあるものの，バンド内におけるゲイン，SWR，F/Bなどのばらつきの少ない，いわゆる広帯域タイプの八木アンテナになっています．インピーダンスが50Ωでマッチング回路が不要というのも大きな特徴です．彼はこの設計手法で3エレおよび4エレ八木を推奨しています．

表3-5-1 18MHzアンテナの実験と使用感

時期	アンテナの種類	アンテナの特徴および製作上のポイント	使用感・その他
1998年8月初	2エレHB9CV	・ブーム長2mで超軽量 ・フェーズライン，Qマッチング・セクションの製作が必要	・F/S, F/B, ゲインともデータどおりでFBだった ・雨の影響があった
1998年8月末	3エレ八木	・ブーム長は約3.8m ・Qマッチにて給電	・ラジエータの長さ調整と当初のヘアピン・マッチからQマッチ変更によりFBとなる ・雨の影響があった
1998年10月	4エレ八木	・W1JRタイプの八木 ・アンテナ構造的に簡易バージョン ・無調整で運用可能 ・ブーム長約5m ・50Ω直接給電でマッチング・ロスなし	・上記2タイプと比べさらに良い性能(GAIN, F/S, F/B比とも) ・雨の影響は比較的少ない ・広帯域
1998年11月	4エレ八木	・W1JRタイプの八木 ・構造的に上記アンテナの改良版 ・そのほか変更なし ・一時，釣竿エレメントの竹光	同上
2000年1月	3エレ八木	・W1JRタイプの八木 ・シミュレーションのみ	・上記，W1JRタイプ4エレ八木に比べるとクリチカルな特性 ・ブーム長は4エレとほぼ同じ
2000年2月	4エレ八木	・W1JRタイプの八木 ・雨の影響を少なくするために若干データを変更	・3度目のW1JRタイプの4エレ八木 ・個人的には最終形と考えている

（注）18MHzアンテナはどれも，7MHz 2エレHB9CVと3エレ・トライバンド八木の中間にスタックとして上げたものであり，高さが12mとなっている．

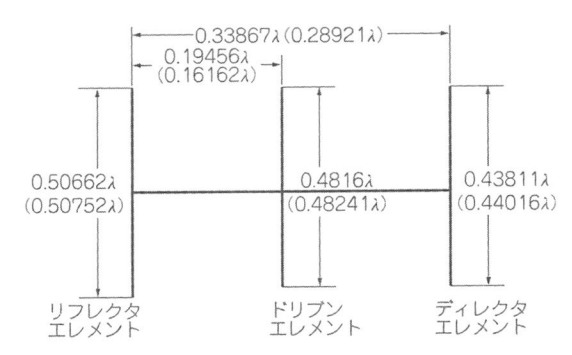

図3-5-1 W1JRタイプ広帯域50Ω直接給電3エレ八木の仕様

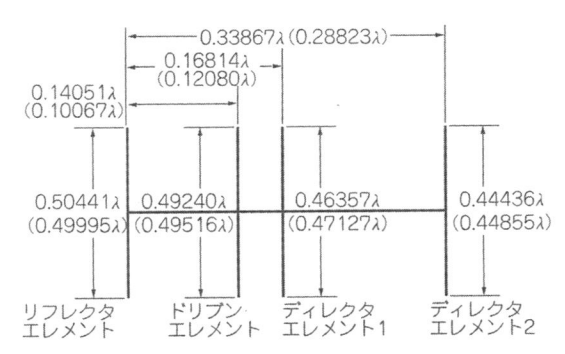

(注1) エレメント径は0.00105λ
(注2) (　　) の寸法はショート・ブーム八木の場合
出典；Communications Quarterly 1998 Winter, YAGI/UDA ANTENNA DESIGN W1JR, Joe Reisert, Page 51

寸法：
- リフレクタエレメント: 0.50662λ (0.50752λ)
- ドリブンエレメント: 0.4816λ (0.48241λ)
- ディレクタエレメント: 0.43811λ (0.44016λ)
- 間隔: 0.33867λ (0.28921λ), 0.19456λ (0.16162λ)

図3-5-2 W1JRタイプ広帯域50Ω直接給電4エレ八木の仕様

(注1) エレメント径は0.00105λ
(注2) (　　) の寸法はショート・ブーム八木の場合
出典；Communications Quarterly 1998 Winter, YAGI/UDA ANTENNA DESIGN W1JR, Joe Reisert, Page 55

寸法：
- リフレクタエレメント: 0.50441λ (0.49995λ)
- ドリブンエレメント: 0.49240λ (0.49516λ)
- ディレクタエレメント1: 0.46357λ (0.47127λ)
- ディレクタエレメント2: 0.44436λ (0.44855λ)
- 間隔: 0.33867λ (0.28823λ), 0.16814λ (0.12080λ), 0.14051λ (0.10067λ)

● W1JRタイプ3エレ八木

図3-5-1にあるように4エレと同じブーム長になっています．各寸法は波長表示になっていますので，好みのバンドにてアンテナ解析プログラムへの入力が可能です．ちなみに，18MHz用として3エレ八木のシミュレーションを行った結果，4エレ八木に比べると少々クリチカルな特性のようで，ブーム長も4エレと同等であるという理由から，今回はW1JRタイプの3エレ八木の製作は行わず，シミュレーションのみとしました．

● W1JRタイプ4エレ八木

図3-5-2にあるように，ドリブン・エレメントと第1ディレクタの間隔が狭いのが特徴です．アンテナ解析プログラムの結果もゲイン，SWR，F/S，F/Bとも安定した性能で，広帯域化とともに50Ω直接給電のメリットが期待できるということで，今回は，この4エレ八木を製作します．

50Ω直接給電広帯域4エレ八木アンテナの製作

まず，基本となるデータをアンテナ解析プログラムMMANAに入力し，地上高，大地の状態，使用するワイヤなどのパラメータを与え，これに基づいた条件で最適化計算をします．

その結果をもとに実際のアンテナ製作を行って，その性能を評価するという手順です．

● MMANAによるアンテナ解析と最適化

① MMANAの立ち上げ

MMANAを立ち上げ，ファイル⇒開く⇒アンテナ・ファイルの中から適当な（あるいは前回作成の）4エレ八木データを選択します（**写真3-5-5**）．

② 寸法の割り出し

希望する中心周波数の（例：18.120MHz）1波長の長さを計算し，（300/18.120 = 16.556m），この値と**図3-5-2**の各寸法に当てはめ，エレメント長，エレメント間隔を計算しておきます．

③ MMANAのデータ入力

上記基本データをMMANAに入力します．データ入力/修正はアンテナ定義画面で修正・確定も可能なのですが，テキストで編集するモードのほうが楽かもしれません．データ入力・修正後は，新しいアンテナ定義ファイルとして，適当な名前を付け保存しておきます（**写真3-5-6**）．

④ MMANAでの計算

データ入力完了後，計算のシートを開き，計算条件に"リアル・グラウンド"を指定，地上高は自分のア

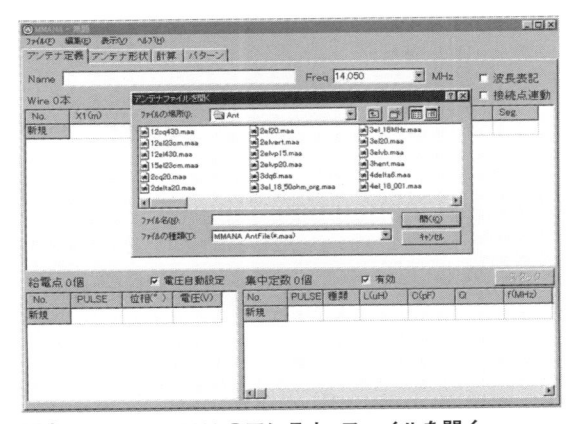

写真3-5-5 MMANAのアンテナ・ファイルを開く

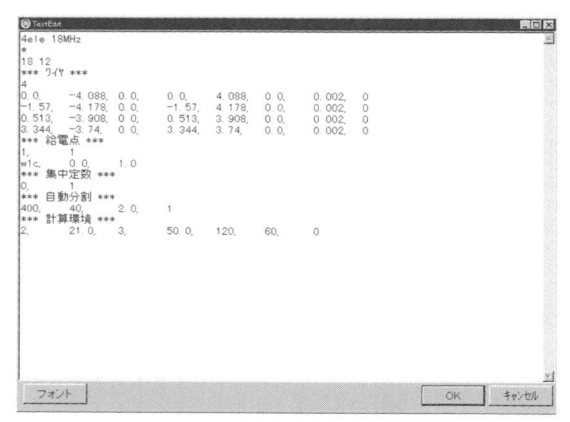

写真3-5-6　MMANAのテキスト編集画面

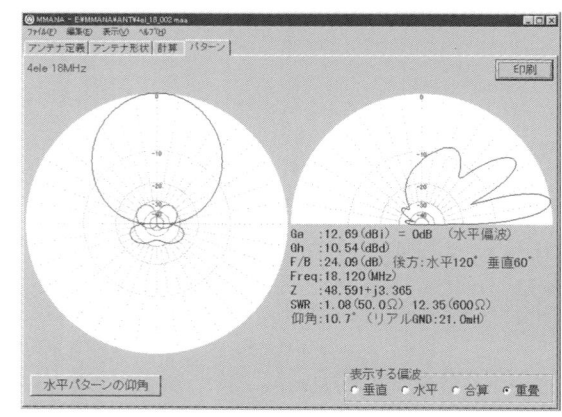

写真3-5-7　MMANAのパターン図

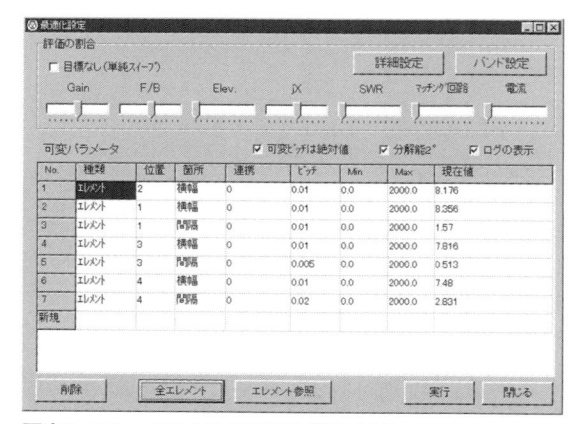

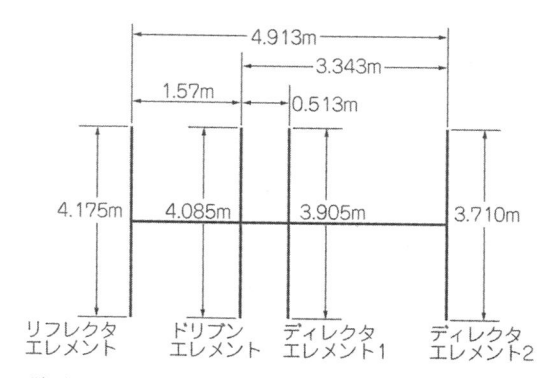

写真3-5-8　MMANAの最適化設定画面

図3-5-3　筆者が最適化したW1JRタイプ広帯域50Ω直接給電3エレ八木の仕様

ンテナ高を，ワイヤについては，今回はアルミ線を指定．計算ボタンを押すと，即座に計算を始めます．パターンのシートでアンテナの水平面および垂直面指向性パターンを見ることができます(**写真3-5-7**)．
⑤ MMANAの最適化

　最適化ボタンを押し，シミュレーションの重要度(ゲイン，F/B，打ち上げ角度，SWRなど)を指定し，最適化実施(**写真3-5-8**)．

● 4エレ八木データ(MMANA解析結果)

　最適化の結果，例えばフロント・ゲインが最大な部分よりもいくつかのポイントで平均的にいい部分，クリチカルでない部分のデータを探すことがポイントです(**図3-5-3**)．最適化の目的は達していても，クリチカルなポイントでは，アンテナの再現性に問題があったり，調整がたいへんな場合があるからです．変化がクリチカルでなく，しかも，特性のよいポイントが必ずあります．

　さて，これから最適化の結果をもとに実際のアンテナ製作に取りかかります．

● 製作上のポイント
① 釣竿の加工

　グラスロッド釣竿の根元部分のプラスチック製ストッパを切り取ります．このとき，内側の竿を傷つけないよう，ある程度竿を伸ばした状態で行ってください．また，グラスロッド釣竿の切り口には十分注意します．釣竿の根元部分に塩ビ・パイプ(VP-25がサイズ的に適当)をかぶせますが，必要ならアルミ・テープを巻いて，しっかりと片側20cmくらいは差し込むようにします(同じ種類・メーカーの竿でもロットによって太さに若干の違いがある)．これを2本作ることで，1本分のエレメントができあがります．

　先端の細い部分は，あとの用途を考え，特に切り取る必要はないでしょう．なお，エレメント補強用の

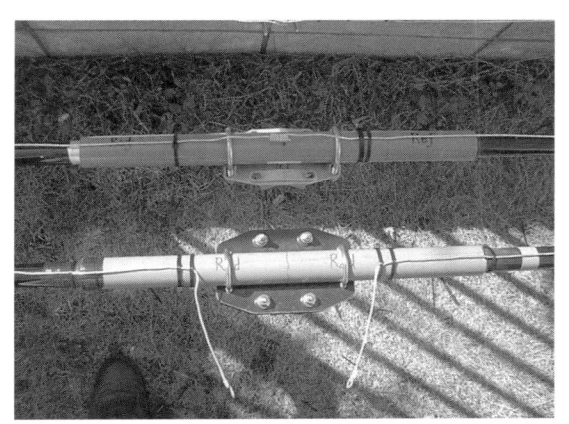

写真3-5-9　釣り竿エレメント

写真3-5-10　給電部分のようす

塩ビ・パイプは40〜50cm程度の長さで十分でしょう．

② ドリブン・エレメントの製作

　使用するバランの形状にあわせて，φ2mmのアルミ・ワイヤの末端処理方法を決めておきます．私の場合は圧着端子を使用しました．ドリブン・エレメントの左右それぞれのアルミ・ワイヤとも，同じ寸法にカットし，バラン側の取り付け処理を行います．

　釣竿へのアルミ・ワイヤ取り付けはインシュロックタイを用います（写真3-5-9）．

③ リフレクタ，ディレクタの製作

　最適化の結果に従いリフレクタ，ディレクタ（2本分）用のアルミ・ワイヤを切り，加工済みの釣竿エレメントにインシュロックタイでワイヤを固定します．中央の塩ビ・パイプ部分にエレメント名（例：REF）を書いておくと，組み立てときに間違いがありません．

④ エレメント・ブラケット

　簡易版としてはホームセンターで入手できる鉄製Lアングルとリボルトで取りつけることもできます．今回は耐久性の観点から通常のエレメント・ブラケットを使用しました．ブーム径と釣竿元径からクリエート・デザイン社のMC-70がぴったりのサイズでした．また，グラスファイバー工研のデベマウントもいいでしょう．お手持ちのものを活用してください．

⑤ ブームの作成

　ブームは21MHz4エレ八木用のブームを流用しました．2mのパイプの3本つなぎです．釣竿アンテナ用としては太めかもしれませんが，"大は小を兼ねる"です．必要な長さに加工したら，マジックインクで，各エレメントの場所にマークを付けます．また，ブームの中央にもマーキングしておきます（マスト取り付け位置の目印）．

⑥ 給電部分

　このアンテナは給電点インピーダンスが50Ωですので，マッチングは不要ですがバランは必要です．準備されるバランに合うようにブームへの取り付け，エレメントの取り付け方法，手順を確認しておきます（写真3-5-10）．

● 4エレ八木性能

　今回の釣竿アンテナ製作を通じて広帯域4エレ八木は3回上げたことになります．その都度，少しずつ寸法データは異なっていますが，どれもシミュレーション結果どおりの動作で，無調整で使用可能でした．

　フロントでS9$^+$20dBの信号が，サイドではほとんど何も聞こえなくなるほどで，またF/Bも確実に20dBは確保できているようすがアンテナを回してみると実感できます．

今後のテーマと次なるステップ

● 完全なる雨対策（テーパーリングの考慮）

　エレメントにアルミ・ワイヤを使用した釣竿アンテナの特徴として，雨天時の共振周波数の低下があります．釣竿の表面に水滴が付くと，エレメント径が太くなった状態になり共振点が下がります．私の実験では100〜200kHzもの変化になりました（通常の3エレ八木の場合）．

　この影響を最小限にするためにはグラスロッド竿にアルミ・テープを張り付ける，いわゆる竹光エレメントにする必要があります．竹光エレメントを採用する場合には，一般に私たちが経験上知っているエレメントの短縮率というものから，延長率というテーパー比の大きい釣竿アンテナならではの特性と

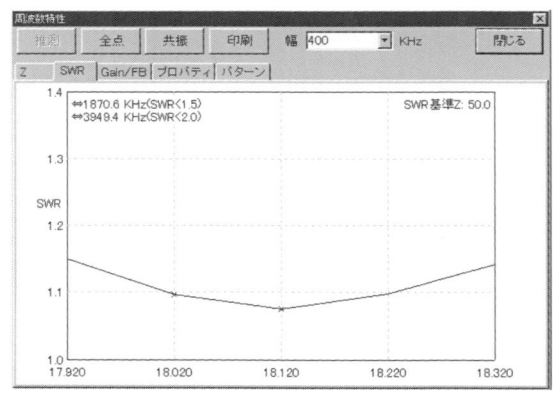

写真3-5-11　4エレ八木アンテナのSWR特性

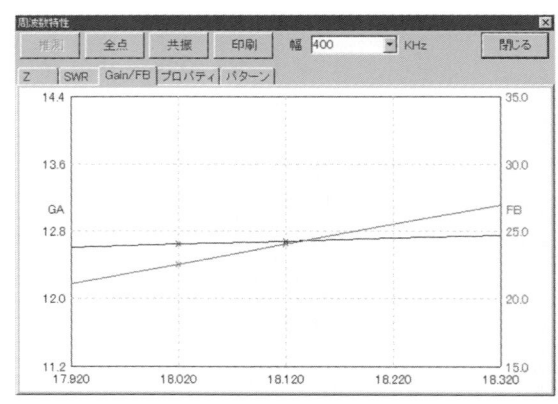

写真3-5-12　4エレ八木アンテナのGAINとFB比特性

その対応をとる必要があります．

　今回のアンテナは，広帯域ということ，それと中心周波数をあらかじめ高めに設定できるという理由で竹光化は行っておりません．したがって，雨天時には若干，共振周波数は下がるものの十分使用範囲に収まっているだろうと考えます．

　釣竿アンテナにおけるテーパーリングについては**参考文献4**に詳しく紹介されています．

● 4エレ八木性能

　もちろん，この広帯域50Ω直接給電アンテナはほかのバンドでも，すばらしい性能と使いやすいアンテナとなるでしょう．将来，バンド拡張のときにも対応可能です．7MHzの4エレ八木アンテナで16〜17mくらいのブーム長で製作可能と思います．自作のアンテナでDX．DXサーにとって，これもまた楽しみのひとつではないでしょうか？

最後に

　18MHzを含むWARCバンドでは，一部のスーパ・ステーションを除いて，WARCバンド用ロータリDPやマルチ・バンド2エレ/3エレ八木で運用されている場合が多いように思われます．そんな中で，ここで紹介した八木アンテナはモノバンド，フルサイズであり，十二分にDXを楽しめるアンテナだと考えます．釣竿とアンテナ解析プログラムという強力な道具立てを活用し，さまざまな工夫の中でDXを楽しんでいければと考えます．

　なお，アンテナ設計・製作するにあたり貴重なデータやアドバイスをいただいたJA3MHV　西川氏，データを提供いただいたJA1BRK　米村氏，また，アンテナを変えるたびに比較レポートをいただいた

JM1HXU　内藤氏にこの場をかりてお礼を申しあげます．

《参考文献》

- 参考文献1：FEDXP BULLETIN AUG 1,1998 ISSUE 549 "コンピュータで最適化された4エレ八木アンテナ" JA1BRK 米村太刀夫氏．
- 参考文献2：月刊ファイブナイン誌1998年4月号 "超軽量釣竿ビーム・アンテナの設計・製作" JA3MHV 西川久氏．
- 参考文献3：HAM Journal No.85 1993年5・6月号 "特集 釣竿アンテナ大研究" JH1GNU 小林秀氏，JF1DMQ 山村英穂氏．
- 参考文献4：HAM Journal No.92 1994年7・8月号 "アンテナ・エレメントのテーパの研究" JF1DMQ 山村英穂氏 "釣竿アンテナのテーパ形状と共振周波数についての実験" JR1EYB/2 秋葉治氏，JKIGKG 井上良雄氏．"釣竿エレメントの特殊性についてJH1GNU 小林秀氏．
- 参考文献5：HAM Journal No.95 1995年1・2月号 特集：アンテナ・シミュレーションの理論と実際 "モーメント法のやさしい解説と計算例について" JH1DGF 吉村裕光氏．"モーメント法によるアンテナ特性解析ソフトウェアについて" JA1WXB 松田幸雄氏．
- 参考文献6：CQハンドブック・シリーズ "八木アンテナを作ろう"（電脳設計ソフト　YSIMで作る八木アンテナ）JA1QPY 玉置晴朗氏．
- 参考文献7：CQハンドブック・シリーズ "パソコンによるアンテナ設計" JG1UNE 小暮裕明氏編著，JA1WXB 松田幸雄氏，JA1QPY 玉置晴朗氏著．
- 参考文献8：YAGI/UDA ANTENNA　DESIGN
- CommunicaiotnsQuarterly 1998 Winter WIJR, Joereiserl
- 参考文献9：MMANAソフトウェア・マニュアル JE3HHT 森誠氏．
- 参考文献10：CQ ham radio 2000年1月号 "50Ω直結給電方式ブロード・バンド14MHz 4エレ八木アンテナの製作" JA1BRK 米村太刀夫氏．
- 参考文献11：CQ ham radio 1999年10月号 "MMANA Windows95/98版アンテナ解析プログラム JE3HHT 森誠氏．

3-6 身近な材料で作るアンテナ
FM放送用アンテナで作る50MHz八木アンテナ
（1998.1）

JF1OZL　砂村 和弘

「アンテナぐらいは自作しよう」といっても，実際ホームセンターで一つひとつの部品を買ってきて作るとなると，結構，部品代もかかってしまうし工作もたいへんです．

そこで，ホームセンターで売っている「80MHzFM受信用アンテナ」（5,000円ほど）を買ってきて，これを利用して50MHzのアンテナを作る方法を紹介します．

図3-6-1のように，80MHzの6エレの各エレメントを横につないでしまえば，大ざっぱな話として周波数が半分の40MHzになるので，少し切り詰めて節約すれば，50MHzアンテナのできあがり，というわけです．

図3-6-2を見てください．私の買ったセットの中のリフレクタを固定するブラケットは，合成樹脂でできていましたので，左右のエレメントを導通させるために，図のように針金をからませて使いました．

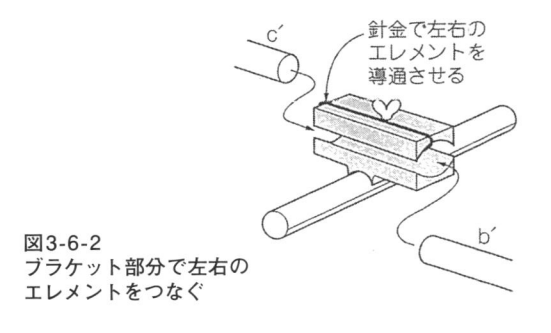

図3-6-3を見てください．FMアンテナのラジエータは，普通，図のようにフォールデッド（Uの字型）になっています．Uの字のところがうまく直線に伸ばせなかったので，直線部だけで切ってしまい，これを針金でしばりつけて使いました．

e', f'がそれぞれ1.5m，$c'+b'$の合計が2.8m，$g'+d'$の合計が3.2mといったところが長さの基本です．少なくともラジエータの長さだけは，SWR計を見ながら調節します．

FM用アンテナの給電部にはマッチング用のトランスが入っていますが，私はこれを取ってしまい3C-2Vで直接，給電して使いました（**図3-6-4**）．SWRは1.5でした．

腕に自信のある方は，マッチング用トランスのコアを使ってバランを組み込まれるとFBかと思います．

FM用アンテナはネジ部がすべて「蝶ナット」になっているので，バラして車で運び山の上で組み立てて使うのに都合がよくなっています．

私はこのアンテナを5年ほど使って，約3000局とQSOしました．軽くできるので持ち運びも楽です．2エレで作るのも結構だと思います．

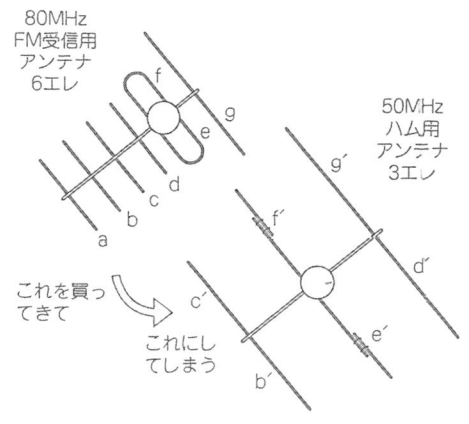

図3-6-1　80MHz FM放送用から50MHz用へ

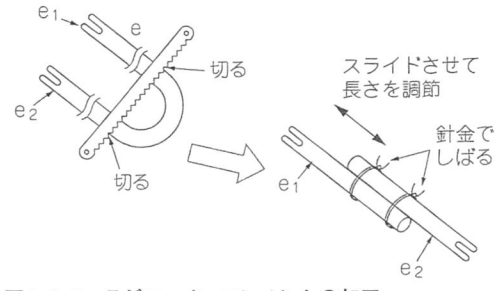

図3-6-2　ブラケット部分で左右のエレメントをつなぐ

図3-6-3　ラジエータ・エレメントの加工

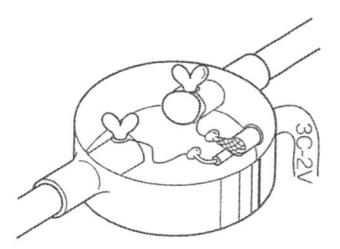

図3-6-4　給電部分の加工

3-7 移動運用に最適 50MHz 5エレメント八木アンテナの製作
（2000.6）

JG2TSL　片桐 秀夫

50MHzでは移動運用が盛んに行われています．私も移動運用に出かけることがありますが，アンテナの設営，撤収の時間をなるべく短縮して運用の時間に充てたいものです．そこで，設営，撤収が短時間に，しかも簡単にできるアンテナを製作しましたので紹介します．

元々は富士郡芝川町にある天子ケ岳に移動運用をするために製作したもので，ローカルの間では通称"Ver.Tenshi"（バージョン天使）と呼んでいます．

構造

このアンテナの最大の特徴はエレメントのブームへの接続とブーム同士の接続の方法です．

図3-7-1をご覧ください．バネの力を利用して，ワンタッチで組み立てることができます．簡単に組み立てができますが，強風にも耐え，「エレメントが外れて落下してきた」などというトラブルはありません．

設 計

設計には八木アンテナ最適化ソフト"YO"（Yagi Optimizer by K6STI）を使用しました．最近は優秀なアンテナ・シミュレーション・ソフトがいろいろとありますので，各自でお好みのエレメント配置，寸法を決定すればよいと思います．

私の場合は，フロント・ゲイン最大のときよりも少しだけゲインを落とし，ある程度の帯域を確保するようにしました．ラジエータ近辺のエレメントを接近させ，コンピュータ上で追い込んでいくと，帯域が広い割りにはゲインの低下が少ない八木アンテナが実現できます．SWRのボトムが2カ所になるように設計することで，さらに帯域を広くできます．

このアンテナも，50.0〜51.1MHzにわたって低SWRになるように設計しましたので，SSB/CW/AM/RTTY/（FM）の各モードの割り当て周波数に対応可能となっています．同一ブーム長でゲイン最大を追求したアンテナと比較したときのゲインの低下は約0.6dBです．

エレメントの寸法と位置を図3-7-2に，コンピュータが出力した各特性の結果を図3-7-3（a），図3-7-3（b）に示します．ブーム，エレメントは軽量化するためにかなり細いパイプを利用しました．エレメントの径を変更したり，テーパを付けたりすると特性が変化しますので，そのときはシミュレートし直して寸法を決定してください．

製 作

このアンテナの特徴であるエレメント接続部は，

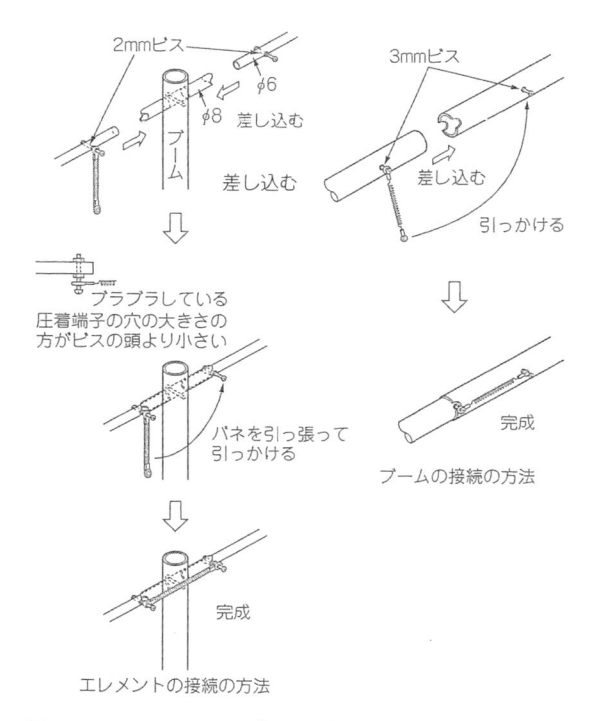

図3-7-1　エレメントとブームの接続方法

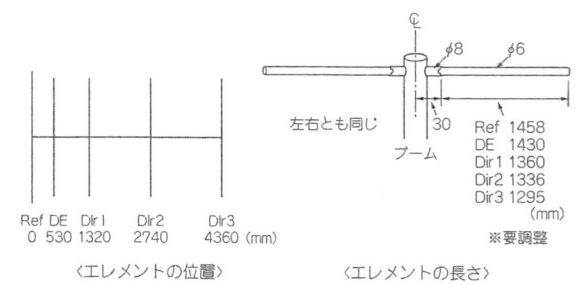

図3-7-2　エレメントの位置と長さ

3章　八木系アンテナ編

```
50.000MHz        50.250MHz        51.000MHz
10.64dBi         10.72dBi         10.67dBi
25.78dB          21.26dB          19.38dB
16.3-/19.9       18.0-/16.5       15.6-/15.9
1.25             1.00             1.16
-0.6dB           -0.6dB           -0.6dB
```

50MHz 5EL.YAGI

（a）ビーム・パターン　　　　　　　　　　　　（b）シミュレーションによる各種データ

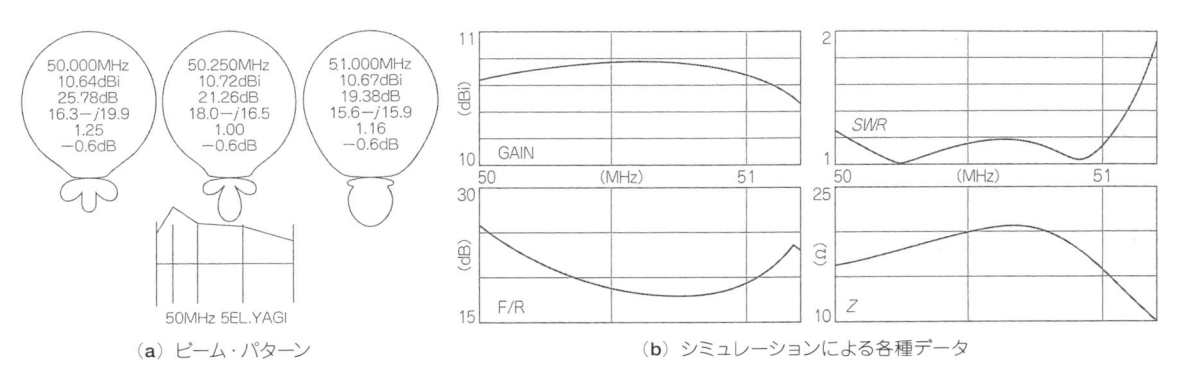

図3-7-3　シミュレーションによる解析

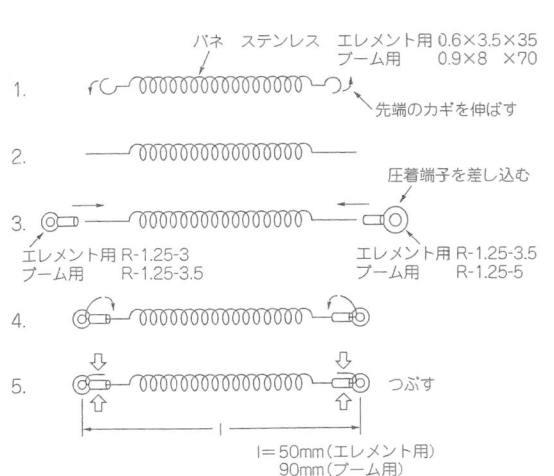

図3-7-4　バネの加工

バネ　ステンレス　エレメント用 0.6×3.5×35
　　　　　　　　　ブーム用　　0.9×8 ×70
先端のカギを伸ばす
圧着端子を差し込む
エレメント用 R-1.25-3　　　エレメント用 R-1.25-3.5
ブーム用　　R-1.25-3.5　　ブーム用　　R-1.25-5
つぶす
l=50mm（エレメント用）
　90mm（ブーム用）

写真3-7-1　給電部の構造

図3-7-4のように，バネと圧着端子を組み合わせて製作します．

給電方法はTマッチ＋Uバランとしました．Tマッチでインピーダンス変換を行い，Uバランで平衡－不平衡の変換を行います（**写真3-7-1**）．Tマッチはエレメントの中央でブームと接触しても構わないので，ほかのエレメントと同様に扱うことができます．Uバランの長さは1/2波長×短縮率となります．短縮率は同軸ケーブルの種類によって違うので，実測して長さを決定します．

ノイズ・ジェネレータを使用した場合の実測の方法を**図3-7-5**に示します．SWRアナライザを使用した場合は，先端をオープンにして同軸ケーブルを接続し，希望の周波数でRが最大になるように切り詰めていってください．私の場合は3.5D-SUPERを使用して2250mmとなりました．

Uバランは**図3-7-6**のように製作します．Uバランが完成したら，エポキシの接着剤でしっかりと固めてしまいます．

エレメント接続部の製作要領を**図3-7-7**に，ブー

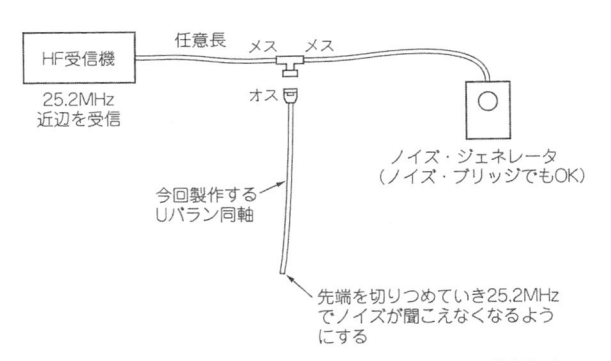

図3-7-5　ノイズ・ジェネレータを使ったUバランの寸法決定

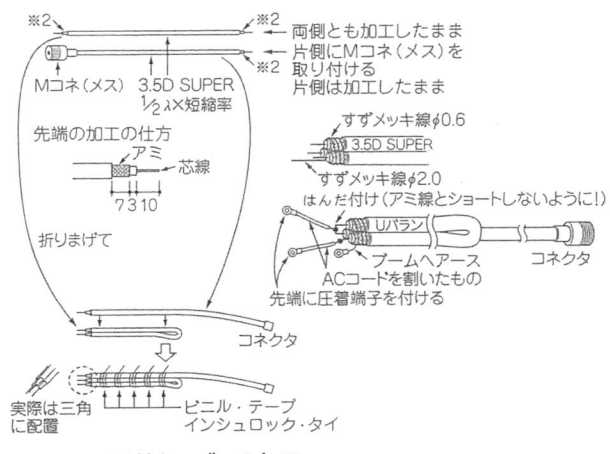

HF受信機　任意長　メス　メス
25.2MHz近辺を受信
今回製作するUバラン同軸
オス
ノイズ・ジェネレータ（ノイズ・ブリッジでもOK）
先端を切りつめていき25.2MHzでノイズが聞こえなくなるようにする

図3-7-6　同軸ケーブルの加工

※2　※2　両側とも加工したまま
Mコネ（メス）　3.5D SUPER　片側にMコネ（メス）を取り付け
1/2λ×短縮率　片側は加工したまま
先端の加工の仕方
アミ　芯線
7 3 10
折りまげて
すずメッキ線φ0.6
3.5D SUPER
すずメッキ線φ2.0
はんだ付け（アミ線とショートしないように！）
Uバラン
ブームへアース
ACコードを割いたもの
先端に圧着端子を付ける
コネクタ
コネクタ
実際は三角に配置
ビニル・テープ
インシュロック・タイ

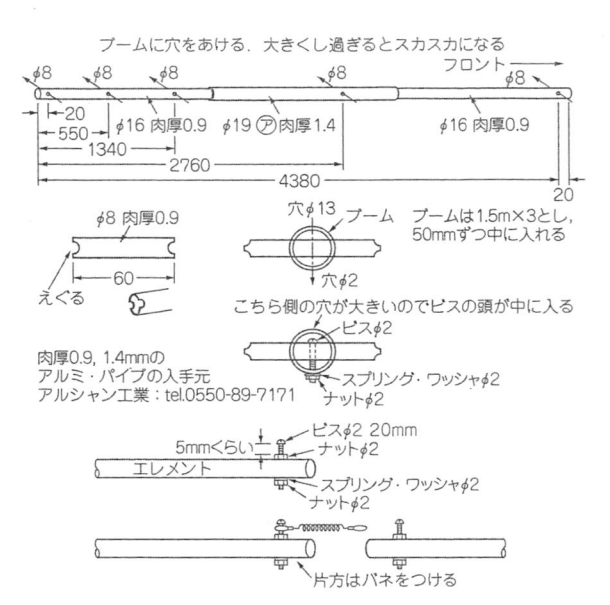

図3-7-7 エレメント接続部の製作

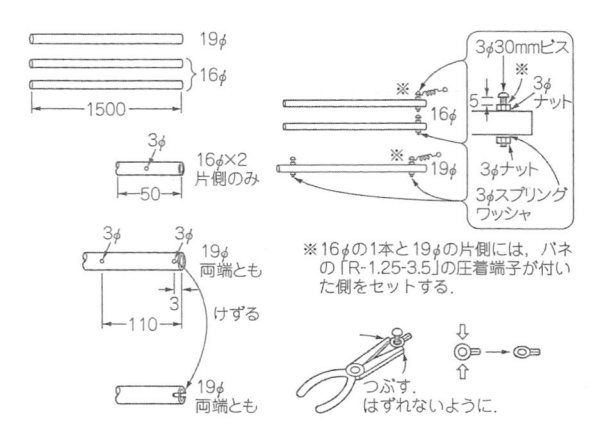

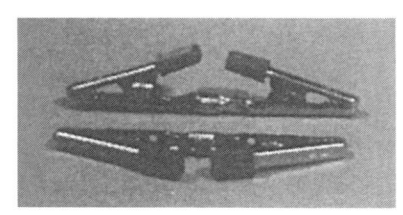

写真3-7-2 給電部に使うワニ口クリップの加工

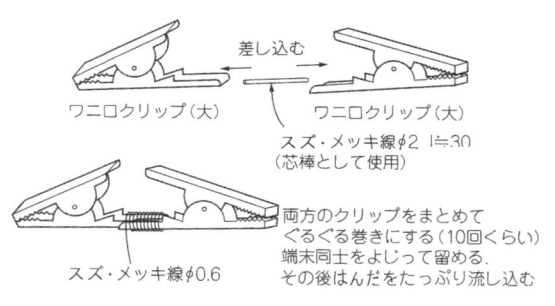

図3-7-8 ブーム接続部の製作

図3-7-9 ワニ口クリップの加工

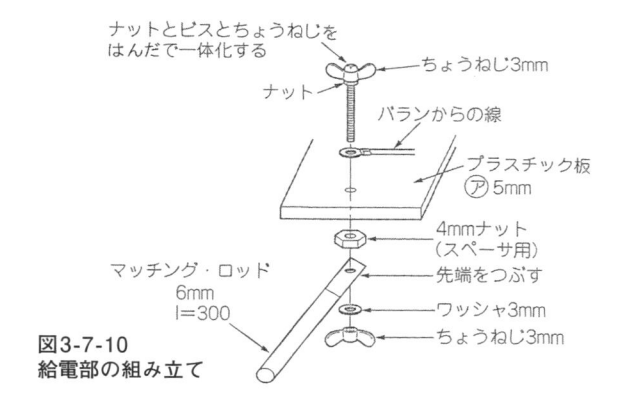

図3-7-10 給電部の組み立て

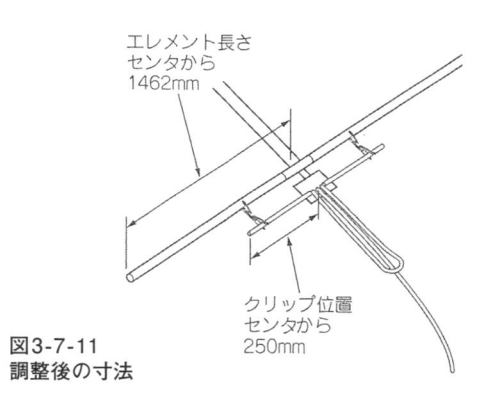

図3-7-11 調整後の寸法

ム接続部の製作要領を**図3-7-8**に示します．

Tマッチの接続部は**写真3-7-2**のようにワニ口クリップを2個利用して製作したものを使用します．**図3-7-9**の給電部は厚さ5mmのプラスチック板を使用して絶縁します（**写真3-7-3**，**図3-7-10**参照）．

SWRの調整

SWRを下げるためにはR（純抵抗）とj（リアクタンス）の二つのパラメータを変化させる必要があるので，調整する個所も2カ所なければなりません．

今回採用したTマッチでは，ラジエータの長さとTマッチのクリップの位置の2カ所を可変させて調整を行います．私の場合は図3-7-11のような寸法となりました．

SWRの測定をするときは，こまめに100kHzくらいごとの各周波数での値を記録し，"どのパラメータを動かすとどのように変化するか？"を注意深く観測してください．純抵抗とリアクタンスが測定できる機器（アンテナ・アナライザ，ノイズ・ブリッジ）があると，その特徴を素早くつかむことができます．

シミュレーション結果との比較測定

アンテナの性能はSWRだけでは決定されません．SWRが低くても，フロント・ゲインやF/Bがなければ優れたアンテナとはいえないからです．今回はシミュレーション上でフロント・ゲインやF/Bは調整しているので，実際にシミュレーションどおりの性能が出ているかどうかを実測して確認すればよいことになります．

このために私がいつも行うのは，SWRカーブのグラフのほかにF/Bカーブのグラフをシミュレーションの結果と比較する方法です．

今回，私の場合はSWRのグラフが図3-7-12のように，F/Bのグラフが図3-7-13のようになりました．いずれもシミュレーション結果とのズレが少ないといえます．

両者の結果に大きな違いがあるときは，すべてのエレメントを伸ばすか縮めるかして補正します．

使用結果

工具なしで組み立てられることはもちろんですが，蝶ネジでさえ数カ所でしか使用していません．このため，設営，撤収は非常に楽で，短時間に行えます．

重量は1.8kgしかないため，簡易なマストでの設営が可能で，マストの伸縮も楽に行うことができます．

ローカル数人と十数本を製作し，各局が実際に使用しています．元々は"御手軽移動用"として製作したのですが，国内QSOはもとより，KL7，H40，LUの実績があります．また1998年のA35NQのDXペディションにも使用され，JAとのQSOを果たしています．

国内向けとしても，Eスポをはじめとし，スキャター，FAIなどの特殊伝搬にも対応でき，JARL国内コンテストでもいくつか上位入賞を果たしています．

最後に，製作に協力してくれたJJ2GMH，JL2HIW，JP2NXA，JH2NEL，測定に協力してくれたJL2HIW，JM2RUVに感謝します．

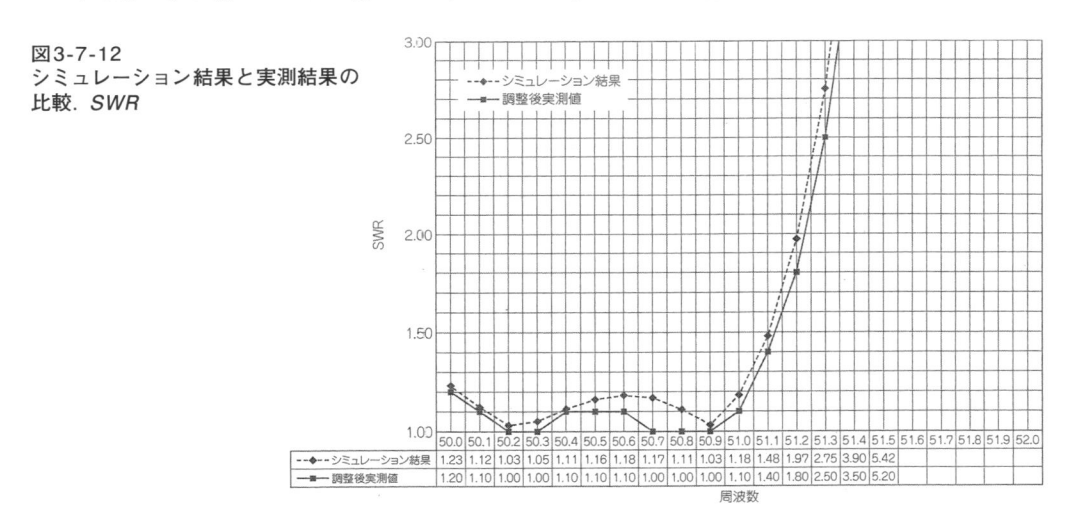

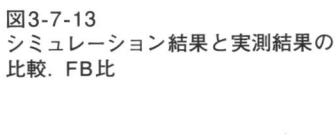

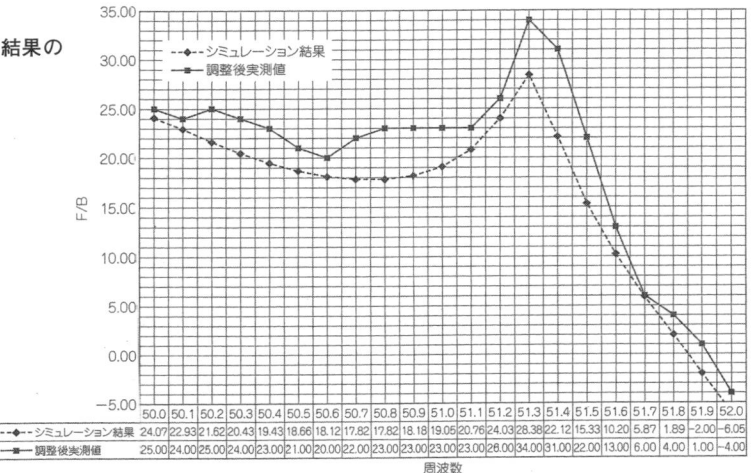

図3-7-12
シミュレーション結果と実測結果の比較．SWR

周波数	50.0	50.1	50.2	50.3	50.4	50.5	50.6	50.7	50.8	50.9	51.0	51.1	51.2	51.3	51.4	51.5	51.6	51.7	51.8	51.9	52.0
シミュレーション結果	1.23	1.12	1.03	1.05	1.11	1.16	1.18	1.11	1.11	1.03	1.13	1.22	1.48	1.97	2.75	3.90	5.42				
調整後実測値	1.20	1.10	1.00	1.00	1.10	1.10	1.10	1.10	1.00	1.00	1.10	1.20	1.40	1.80	2.50	3.50	5.20				

図3-7-13
シミュレーション結果と実測結果の比較．FB比

周波数	50.0	50.1	50.2	50.3	50.4	50.5	50.6	50.7	50.8	50.9	51.0	51.1	51.2	51.3	51.4	51.5	51.6	51.7	51.8	51.9	52.0
シミュレーション結果	24.07	22.93	21.62	20.43	19.43	18.66	18.12	17.82	17.82	18.18	19.05	20.76	24.03	28.38	22.11	15.33	10.20	5.87	1.89	-2.00	-6.05
調整後実測値	25.00	24.00	25.00	24.00	23.00	21.00	20.00	22.00	23.00	23.00	23.00	26.00	34.00	31.00	22.00	13.00	6.00	4.00	1.00	-4.00	

Column M型コネクタのはんだ付け〔前編〕

　M型コネクタのはんだ付けのようすを写真で紹介しましょう．ここでは5D-2Vで作業していますので，はんだゴテは60～80Wくらいのものを使っていますが，8D-2V，10D-2Vなどでは100Wクラスのはんだゴテが必要になります．

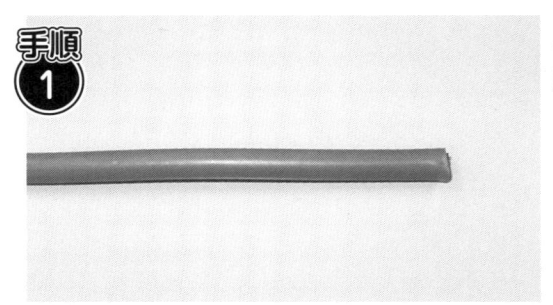

手順①
同軸ケーブルは5D-2Vを用意した

手順②
M型コネクタは5D-2V用を買い求める．編組線が二重巻き線になっている．5D-2W用などいろいろなコネクタがあるので間違えないようにする．

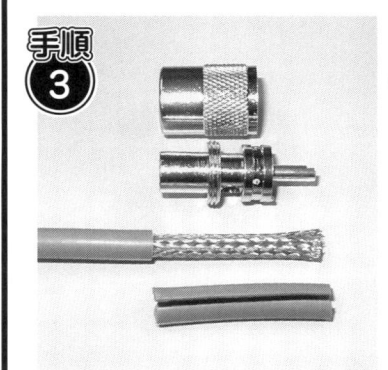

手順③
M型コネクタの内部構造体くらいの長さの外被を取り去る

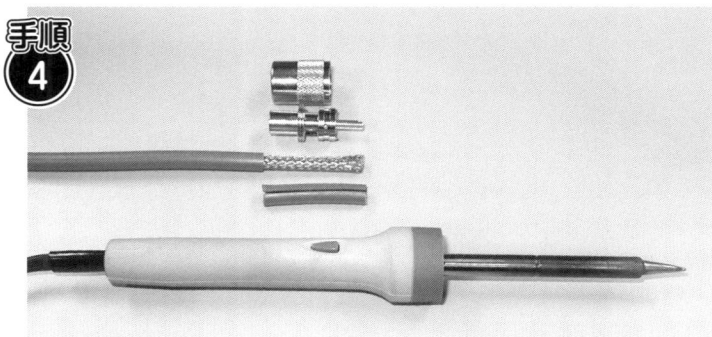

手順④
はんだゴテは60～80Wくらいのものを用意．速熱（ターボ）スイッチ付きが便利

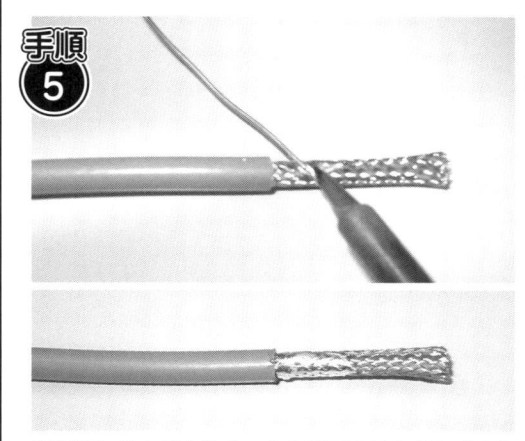

手順⑤
編組線にはんだを施す．あまり厚くはんだを盛るとコネクタがはいらなくなるので注意

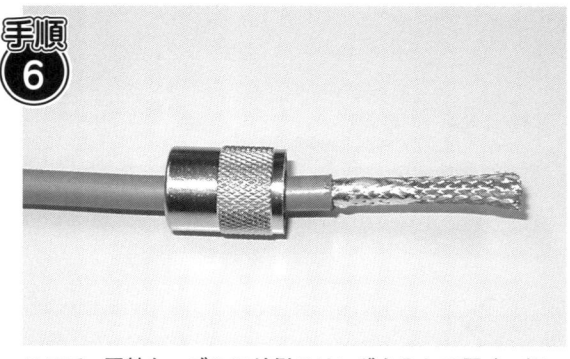

手順⑥
ここで，同軸ケーブルに外側のリングを入れて置く．短い中継用のケーブル作成で片側が付いていない場合は，反対側から入れることができるが，アンテナからシャックに引き込んだ同軸の場合は，リングを必ず入れておかないと後ではいらないので注意が必要．

M型コネクタのはんだ付け〔後編〕（p.118に続く☞）

Chapter 4 ユニークな形式のアンテナ編

アマチュア無線はいろいろな実験が可能です．アンテナ製作の分野でも，独自の発想を生かしたユニークなものが作られています．ここでは，長いエレメントを必要とするHF/50MHzのアンテナを短縮してコンパクトに仕上げたものやエレメントの折り返しを工夫して，美しい仕上がりにしたものなど，工夫満載のアンテナ製作をお届けします．

4-1 アンテナ・チューナ活用アパマン・アンテナ 7MHzヘリカル・アンテナ
(1997.9)　　　　　7N2UUA　矢口 昌秀

アパマン・ハムでHFにQRVして3年近くになりましたが，自作のアンテナでよく飛んでいます．今回は7MHz用ヘリカル・アンテナを紹介します．このアンテナで南米ともQSOできています（**写真4-1-1**）．

アンテナ・チューナを併用しています．高さもなく，自由な空間の少ないアパマン・ハムにはチューナは欠かせないと思います．また，インターフェアのこともあり，私はローパス・フィルタを含めて，すべてのラインにコアを挿入しています．

他誌で21MHzの1波長ヘリカル・アンテナの記事があり，7MHzでもできるはずだと思って作ってみました（**図4-1-1**）．必要な材料は**表4-1-1**です．

エナメル線ですが，あまり細いと線がからまってたいへんなことになり，逆に太いと巻きづらくなります．

振り出しの竿を縮めて先端のほうから巻いていきます．1波長ですので，全長43mほどにしました．ただ接地アンテナですから，接地アンテナの公式から

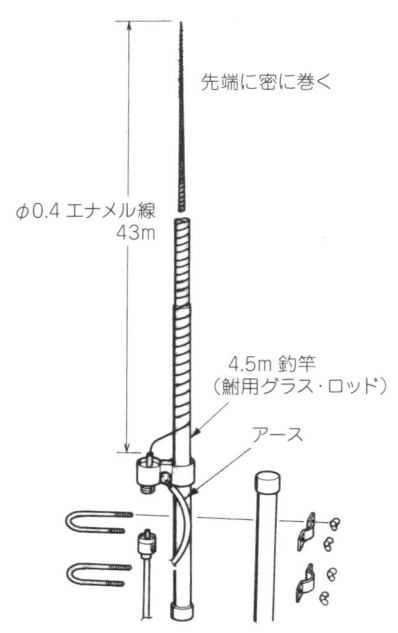

$$長さ L = \frac{(2n-1)\lambda}{4}$$

短いものよりは長いほうがいいのが道理で，$n=3$として5/4波長のアンテナでは約52〜53m程度がベストかもしれませんが，実際に，52mのものも後で作ってみましたが，結果はあまりよくありませんでし

写真4-1-1　7MHzヘリカル・アンテナでアパマン・ハム

図4-1-1　7MHzヘリカル・アンテナ
（先端に密に巻く／φ0.4エナメル線43m／4.5m釣竿（鮒用グラス・ロッド）／アース）

表4-1-1 7MHzヘリカル・アンテナの材料

釣用グラス・ロッド	4.5m	1本
エナメル線 φ0.4	20m	3巻
コネクタ	1個	

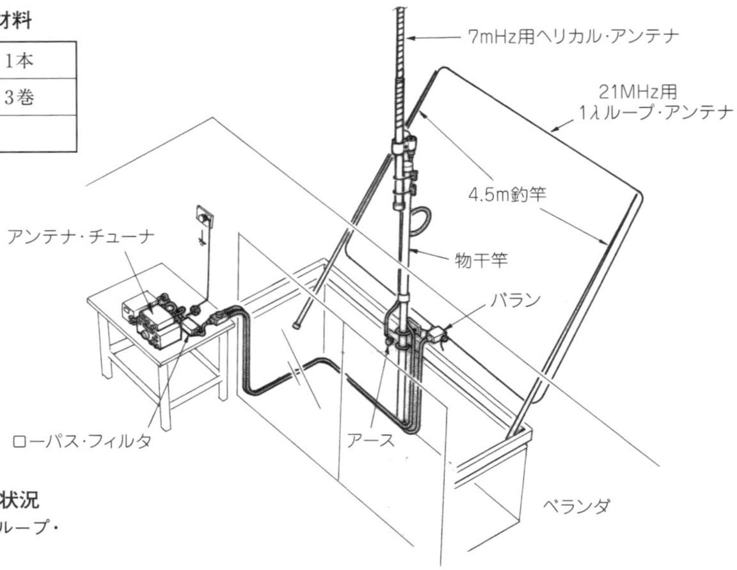

図4-1-2
ベランダへのヘリカル・アンテナの設置状況
「ループ・アンテナ編」で紹介した，21MHzループ・アンテナと併設になっている

た．理由はなぜかわかりません．この部分は，今後もっと研究してみたいと思います．

さて作り方は，竿の先端からは密に，根元に向かってだんだん広げて巻いていきます．竿を固定する支持部分は空けて，エナメル線の巻き終わりの部分の竿にM型コネクタを付けます．コネクタはパイプを止める金具などを用いて平行に止めて，中心に巻き終わったエナメル線をはんだ付けします．コネクタからアースを取るので，金具を止めるビスに太めの線を2mくらい付けておきます．

はんだの部分に接着剤で防水をしますがこれは気休めで，雨が降るとSWRが上がってしまいました．

私は物干竿にこれを付けて給電点を金属の屋根の所に合わせています．またアースはコネクタから手スリのボルトにつないでいます（図4-1-2）．

調整はほとんどしませんでした．というのはまた巻き直していたら線がガタガタになりたいへんですから，チューナで調整を行って良しとしています．

14/18/21/24MHzまで何とかなりました．アパマン・ハムには便利なアンテナだと思います．できるだけ巻き方を工夫してむらのないようにしてください．

《参考文献》
- 別冊ラジオの製作，アンテナ製作マニュアル，電波新聞社．

4-2 ベランダ用 7MHz短縮ホイップ・アンテナ
（1995.6）

JA3HBH 西野 正雄

沖縄に転勤となって1年が過ぎ，1DKのアパートからなんとか7MHzに出ようと，短縮ホイップ・アンテナを作ったところ，良い結果が得られたので紹介します（写真4-2-1）．

製作には，ディップ・メータおよびSWR計（トランシーバ内蔵のもので可）が必要です．

構造

図4-2-1に全体の概略を示します．図を見れば材料などもわかると思いますので詳細は省略し，製作上の注意点のみ記します．

① コイルはこの巻き数で一気に作らないこと
短縮アンテナは再現性に乏しいので，少し多めに巻き，調整しながら少しずつ巻き戻します．
② コイル・ボビンは水道用塩ビ・パイプでも使用可能
③ ローディング・コイルは，少々発熱するので100Wで使う場合は1mm径程度のエナメル線を使う
④ 支持用ポールは釣竿など絶縁体のものを使用する

これらの点を頭に入れて，いよいよ製作にかかります．

4章　ユニークな形式のアンテナ編

写真4-2-1　ベランダに設置した7MHz短縮ホイップ・アンテナ

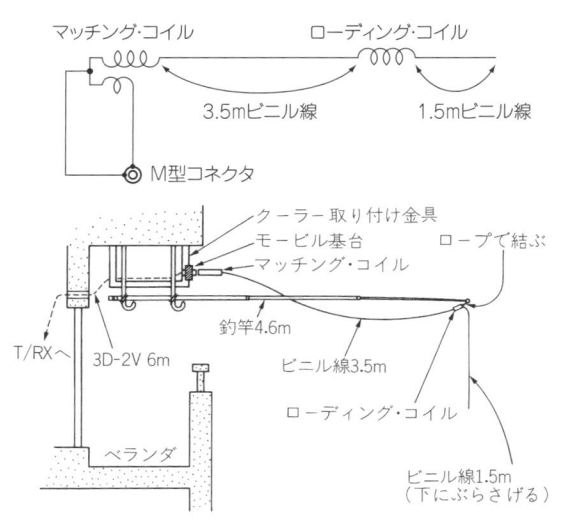

図4-2-1　ベランダへの設置例

製作と調整

コイルを1回ずつ巻き戻すなど，根気のいる作業もありますが気長に進めてください．

私の場合，試作品で1日，本稿のものは約半日かかりました．初めて作られる方は2～3日は，かける覚悟で臨んでください．

① アンテナ・エレメント

ビニル線を3.5mと1.5mに切る．私は耐熱ビニル線を使用しましたが，ACコードも使えます．

② ローディング・コイルを巻く

ϕ15mm×60mmのアクリル・ボビンにϕ0.32mmのエナメル線を80回巻き，上からビニル・テープで仮止めします（**図4-2-2**の下側のコイル部分，**写真4-2-2**）．

③ M型コネクタ

図4-2-2のように3mmのタップをたて，ビスを取り付けられるようにする．

④ ベランダの手すりなどアースになるものにモービル基台を固定する

私はクーラ取り付け金具が鉄筋につながっていたので利用しました．手すりを利用する場合は，CQ ham radio 1994年11月号 p.264の記事が参考になります．

⑤ エレメントおよびローディング・コイルを仮接続（**図4-2-3参照**）

はんだで仮止めをし，根本の部分をM型コネクタのアース部分にネジ止めします．次にモービル基台に差し込み，先端はロープで室内の適当な所に結びます．

このとき，アンテナはなるべく周囲のものに接近しないようにします．

⑥ 共振点

共振点が7～7.5MHzとなるようにディッ

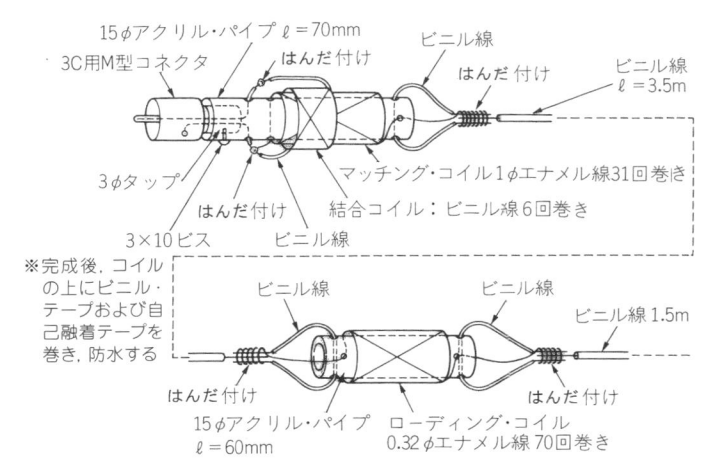

図4-2-2　ローディング・コイルの構造

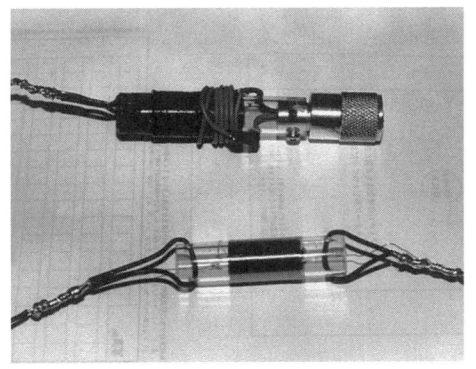

写真4-2-2　マッチング・コイル（上）とローディング・コイル（下）

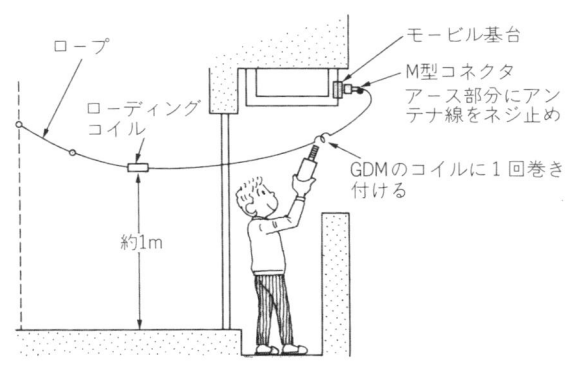

図4-2-3 調整方法

写真4-2-3 移動運用時にモービル・ホイップの代わりに釣り竿でぶら下げた本アンテナを使ってみたところ，良好な運用ができた

プ・メータで測定しながらコイルを巻き戻します．

私の場合，共振点は80回巻きで6.5MHz，70回で7.1MHzとなりました．

⑦ **マッチング・コイルを作る**

最初に③で用意したM型コネクタに40cm程度のビニル線2本をピンおよびアースの部分にはんだ付けし，この線をボビンの内側から穴を通しつつ，ボビンをM型コネクタに差し込み，ネジ止めします．

次にアース側の線がボビンから出た付近の被覆を5mmほどはぎ取り，図4-2-2のようにφ1mmのエナメル線をはんだ付けします．この後エナメル線を40回巻き，ビニル・テープで仮り止めします．

このマッチング・コイルに先ほど調整したローディング・コイルとエレメントを接続し，再び図4-2-3の要領で共振点を測定します（結合コイルはまだ巻かない）．この状態で共振点は6〜6.5MHzにあるはずです．共振点が低いときはマッチング・コイルを1回ずつ巻き戻し，6.5MHz程度に調整してください．

⑧ **このアンテナを実際の状態に取り付け，共振点を測定する**

室内での測定値より200〜300kHzほど上昇しているはずです．

共振点が6.95〜7.00MHzの間に入るようにマッチング・コイルを1回ずつ巻き戻します．1回あたり約50kHzの変化が目安となります．

⑨ **結合コイルを巻く**

図4-2-2の上のコイルの左側，M型コネクタのアース側の線を8回マッチング・コイルの上に巻き付け，ピンからの線を穴から出た付近で切り，よじって接続します．ビニル線がブラつくので，ビニル・テープで仮り止めします．

⑩ **電波を出しての調整**

アンテナを実際の状態に取り付け，バンド内のSWRの変化を測定します．

低い周波数になるほどSWRが低下し，7000kHzで2以下に下がるはずです．バンド内でSWRの変化がないときや，高いところでSWRが下がるときは共振点がズレているので⑧に戻り，マッチング・コイルを再調整します．

⑪ **結合コイルを巻き戻す**

結合コイルを1回ずつ巻き戻していくと，しだいにSWRが低下し，逆に上昇し始める巻き数があります．SWRがいちばん低下する巻き数を見つけてください．巻き戻すときは，再度巻き付けができるように，1回分の長さを残して線を切ります．

⑫ **最終調整**

アンテナを本格的に組み上げ，実際の状態に設置します．写真4-2-3のように屋外での運用にも重宝します．

アンテナの先端を1cmずつ切りながらSWRを測定し，希望の周波数で1となるようにします．1cm当たり15kHzは変化します．もし共振点が7.1MHzより上にあるときは，先端に10〜15cmのビニル線を追加します．

私の場合，7010kHzに共振させましたが，7099kHzでSWRは1.4であり，バンド全域で使用可能でした．

モービル・ホイップで電波を出しているときは，SSBはほとんど交信できなかったのですが，このアンテナでCQを出すと多くの局から呼ばれるようになりました．

おかげでSSBのWAJAが2週間で完成し，DXもアフリカ以外の5大陸と交信できました．また，Wコンテストでは，SSBでカリブから応答があったのには驚きました．

《参考文献》

● CQ ham radiso編集部：ワイヤーアンテナ・ハンドブック，CQ出版社．

4-3 21MHzユニーク・アンテナ

アストラルプレーン・アンテナ
（1994.6）

JA1OGT　大原 省一

以前，430MHz用ユニーク・アンテナ（CQ ham radio 1993年5月号）として紹介したものをベースにして，今回HF（21MHz）への小型化にアタックしてみました．

試みとして430MHzのユニーク・アンテナの各エレメントにローディング・コイルを入れてみましたが，期待したほど周波数の変化は得られませんでした．

失敗の積み重ねの末，何気なく同軸ケーブル（給電部の下側）にコイルを巻いたらと思い，**写真4-3-1**のように実験した結果，大きな周波数変化を得ることができました．

このアンテナの大きな特徴は，後出の**図4-3-5**のように，給電部までの同軸パイプの外側にコイルを巻くことで，同軸の外部導体をベースとして，コイル，エレメントA，Bからなる電極間容量を利用することにより目的周波数の共振回路を作っている点です．

特にコイルと外部導体間でHF～VHFまで共振するので，一般の小型アンテナに比べてコイルの巻き数も少なくなります．

しかし，HFアンテナの小型化は周囲の影響を受けやすく，SWRの変動になりますから，できる限りアンテナ・チューナとの併用をお勧めします．

各部品の製作

材料は簡単に入手できます．**表4-3-1**が使うパーツです．でき上がりは**写真4-3-2**となります．アンテナの構造と寸法は**図4-3-1**を参照してください．

① 各エレメントの加工は**図4-3-1**を参考に製作します．エレメントAの上部の25mm径1ターンの

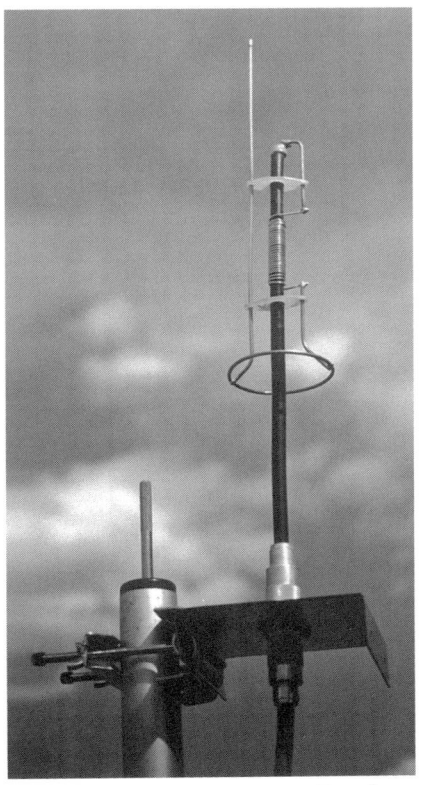

写真4-3-1　430MHz用アストラルプレーン・アンテナの同軸ケーブル上にコイルを巻き，HF化する実験を行った

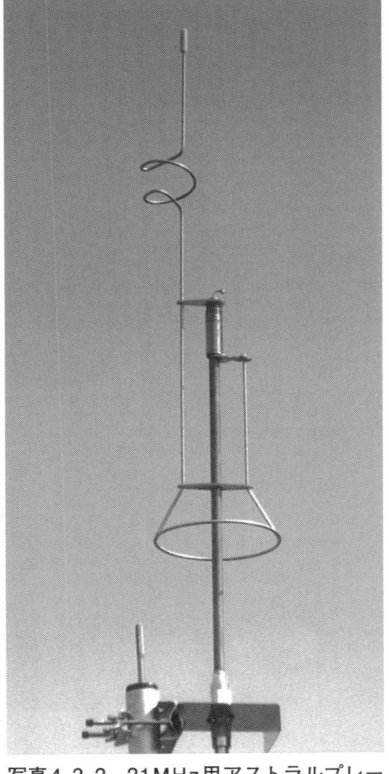

写真4-3-2　21MHz用アストラルプレーン・アンテナ

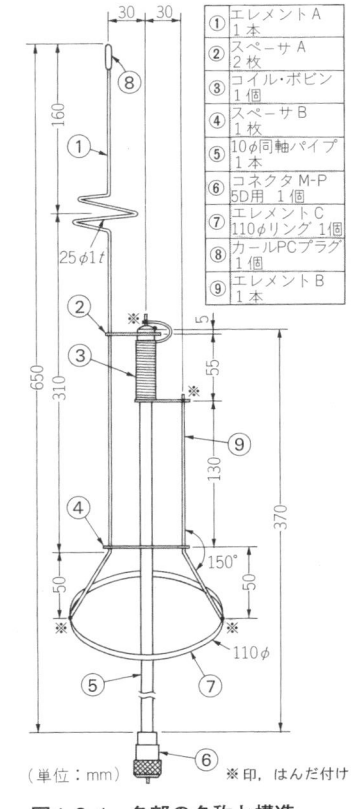

図4-3-1　各部の名称と構造

表4-3-1 使用した材料

名称と規格	数量	備考	第1図との関連番号
5D-2V用M-Pコネクタ	1		⑥
銅パイプ10φ	370mm		⑤
スズ・メッキ線 1.6φ	450mm	または1.6φ銅線	⑤
エレメント線材 3φ	1000mm	銅またはステンレス	①⑦⑨
ガラス・エポキシ基板 20×70mm	3枚	または2tアクリル板	②④
エナメル線	2000mm		③
グラスファイバ・パイプ14φ	55mm	14φ〜20φ 釣竿	③
PCカラー・カプラ 6×25	1	モルタル・ネジ用	⑧
ビニル・テープ	1巻		
エポキシ系接着剤	1		
瞬間接着剤	1		

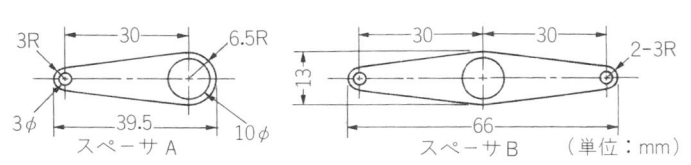

図4-3-2 芯線の加工

パイプの内径に合わせてテープを巻く

(単位:mm)

ビニル・テープ
パイプの先端より3mmの所を基準として80mm間隔に巻く

φ1.6銅線

参考
パイプ内径φ7のとき
芯線径 φ1.6…$Z ≒ 80Ω$
　　　φ3…$Z ≒ 50Ω$
試算式は,同軸の特性インピーダンスを$ω_C$として,

$$ω_C = 138 \log_{10} \frac{D}{d} [Ω]$$

D:外側導体(パイプ)の内径[mm]
d:内側導体(芯線の)の外径[mm]

図4-3-3 スペーサの加工

スペーサA / スペーサB (単位:mm)

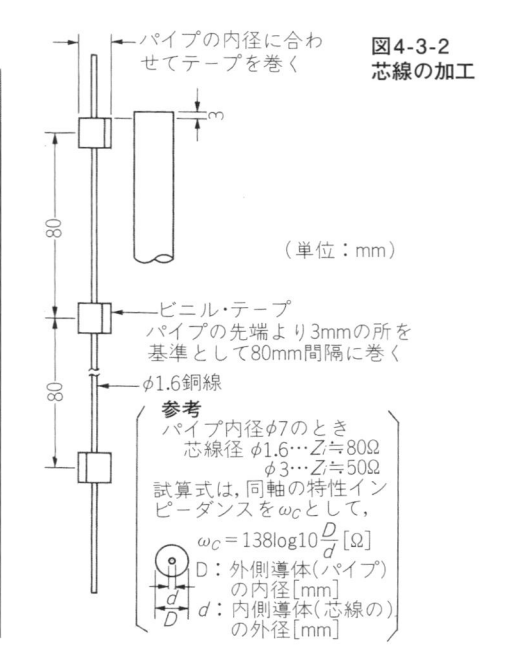

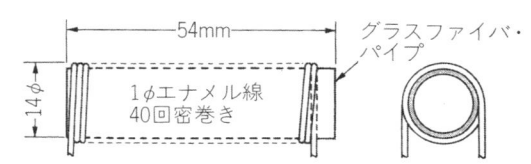

図4-3-4 コイル・ボビンの加工

1φエナメル線 40回密巻き / グラスファイバ・パイプ

コイルは短縮する目的のものなので省いてもかまいません.

② 図4-3-2は同軸パイプの芯線加工のようすです.曲げないように注意します.なお,芯線に3mm径を用いるとインピーダンスは約50Ωとなりますが,材料の都合で1.6mm径のメッキ線を用いました.インピーダンスは約80Ω程度です.

③ スペーサはガラス・エポキシ板(銅箔のない基板)で作りましたが,アクリル板でも使用可能です(図4-3-3参照).

④ コイル・ボビンの加工ですが,私は14mm径のパイプ(釣竿)に0.8mm径のエナメル線を45回密着巻きし,接着剤で仮固定しました(図4-3-4参照).

組み立て手順

① コネクタの爪をヤスリで削り,図4-3-2の芯線をコネクタの中心部にはんだ付けします.その際,必ず上部のビニル部分が銅パイプのトップより2〜3mmほど下になるようにします(防水処理が楽になる).

② φ10mmの銅パイプに上記の芯線を通してコネクタ部のはんだ付けをします.次にコネクタの外筒部もはんだ付けします.

③ コイル・ボビンの実装は,図4-3-5をご覧ください.⑤の同軸パイプに④のスペーサBおよび,②のスペーサA(コイルの下側)を瞬間接着剤で固定しますが,各スペーサのエレメント用の穴

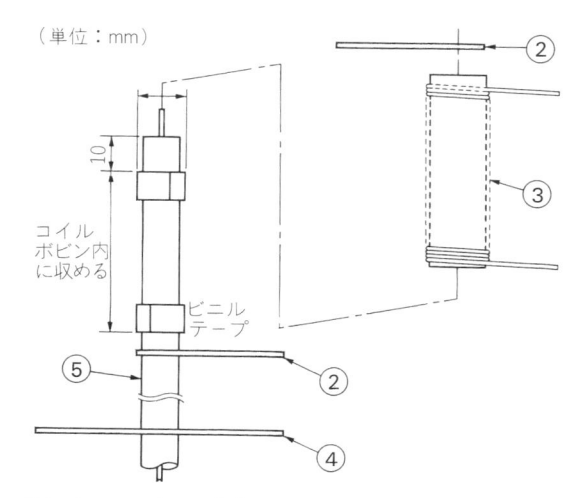

図4-3-5 コイル・ボビンの実装

(単位:mm)
コイルボビン内に収める
ビニルテープ

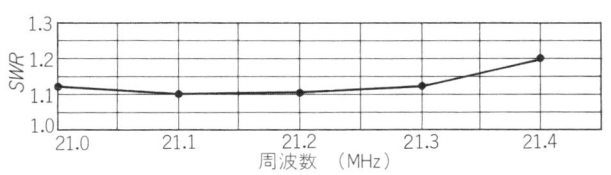

図4-3-6　21MHz用アンテナのSWR特性

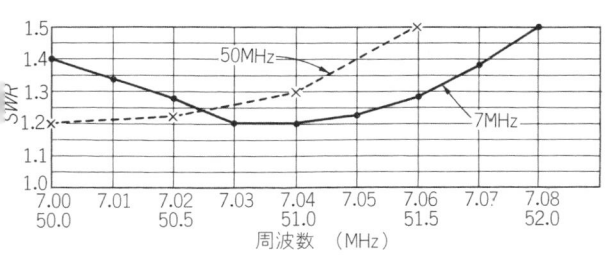

図4-3-7　7MHz用と50MHz用アンテナのSWR特性

表4-3-2　試作バンドのコイル・データ

バンド	線径	コイル径	巻き数
3.5MHz※	0.8ϕ	22ϕ	250回密
7MHz	0.8ϕ	23ϕ	82回密
14MHz※	0.8ϕ	18ϕ	45回密
21MHz	0.8ϕ	14ϕ	40回密
50MHz	0.8ϕ	17ϕ	9回粗

※は試作のみ

SWRが1.5以下であれば問題はないと思います．

図4-3-6が21MHzでのSWR測定の結果です．

他バンドへの応用

参考としてほかのバンドで製作したアストラルプレーン・アンテナのデータを示します．

表4-3-2は，3.5～50MHz（28MHzは除く）までのコイル・データですが，製作の際は，表4-3-2より少し多めに巻きます．写真4-3-3は7MHz用，写真4-3-4は50MHz用で，SWRは図4-3-7のようになりました．ビーム・パターンはほぼ円形になりましたが，エレメントBの方向が少し小さくなります．

は直線になるようにします．

④ 次に，③のコイル・ボビンをパイプに通し，②のスペーサAと④のスペーサBに①のエレメントAを通してから，②のスペーサAを固定します．

⑤ 次に図4-3-1の⑨のエレメントBを通して各エレメントを瞬間接着剤で固定します．⑦のエレメントCをはんだ付けし，コイル・ボビンの配線をします（※印ははんだ付け）．

⑥ 給電部，そのほかのエレメントの防水処理をします（瞬間接着剤の使用には十分注意する）．

調整手順

でき上がったアンテナは，ディップ・メータで目的の周波数になるように粗調整します．

ディップ・メータの使用は，高い周波数より順に低いほうに向かってコイルを取り替えてディップ点を求めますが，基本波とその高調波でもディップしますので，基本波はその中でも最も低い周波数ですから注意をします．

次にトランシーバにSWR計とアンテナを接続し，SWRを測定します．アンテナの回りには障害物のないようにしておきます．

バンド内の周波数の低いほう（f_L）と高いほう（f_H）でのSWRの違いを調べますが，SWRが大きいので，短時間で行います．SWRが$f_L<f_H$の場合は1～2巻きコイルを減らしています．$f_L>f_H$ではコイルを増やしながらSWRを調整します．

もしディップ・メータがない場合は，思いきって2巻きほど減らしながらSWRが下がるように調整します．

また，コイルのピッチを変えて微調整を行います．

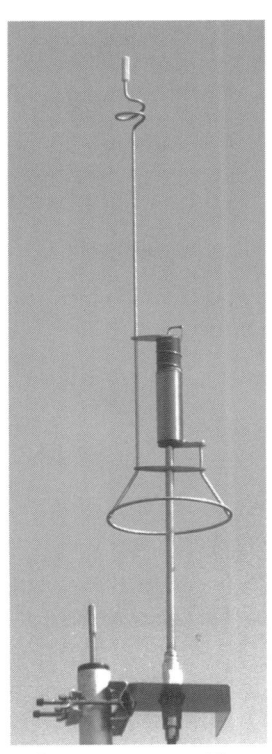

写真4-3-3　7MHz用アストラルプレーン・アンテナ

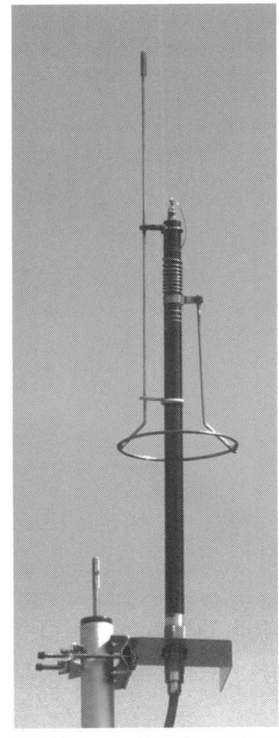

写真4-3-4　50MHz用アストラルプレーン・アンテナ．ブームは釣竿で内側には5D-2V同軸ケーブルを利用している

● 使用結果

一般論ですが，小型アンテナは周囲の影響を受けやすいので，私はこのアンテナにはアンテナ・チューナ（自作）を併用しています．アンテナの感度は特に測定していませんが，小型アンテナにしてはまあまあのできでしょう．

もっぱら，室内，移動での運用に用いています．QSOは空のコンディションで左右されますが，タイミングよく21MHzで国内と少しのDX局（VE7，W6，HL，UZ0）とQSOできました．

50MHzはローカルQSOですが，EスポでQSOで国内の遠距離局とQSOができ，7MHzでは室内よりQRMに悩まされながらも数局とのQSOを楽しんでいます．まだまだSWR，動作などにも問題が残るアンテナですが，これからさらに改良を重ねていきたいと思います．

《参考文献》
- 茨木悟：グリッドディップ・メーターの使い方，1963年，CQ出版社．
- VHFハンドブック 1964年，CQ出版社．

4-4 アルミ・パイプとアルミ板で作る 29MHzアストラルプレーン・アンテナ
（1999.11）

JO1UVK　松浦 忠影

昔から430MHzのアストラルプレーン・アンテナをかなり作ってきました．また運用周波数を下げるたびにアンテナも自作してきました．

いろいろなタイプのアンテナを作りましたが，ここでアストラルプレーンにこだわってみようと，低い周波数のものにもトライしてみましたので紹介します（**写真4-4-1**）．

今回は29MHz帯のもので，基本的には430MHzのものをスケール・アップして寸法を算出しています．

図4-4-1に430MHzを元に計算したほかのバンドのエレメント寸法を示します．実際に測定しながら切りつめて調整をしてみると，低い周波数にいくほどAのエレメント長は計算値より短くなる傾向があるようです．

29MHz用のエレメントはφ7mm，長さ1mのアルミ・パイプを使用しています．スカートの部分を左右に開くためにアルミ・パイプを曲げるときには，**写真4-4-2**のようにバイスに基準になる板を1枚はさんでおいて，型紙を使って角度をそろえるとよいでしょう．

写真4-4-1
29MHzアストラルプレーン・アンテナ

周波数	エレメントA	エレメントB	エレメントC	エレメントD	直径φ	備考
430MHz帯	207.0	50.0	125.0	11.0	51.0	430MHzの実測値
144MHz帯	618.1	149.3	373.3	32.8	152.3	430MHzからの計算値
50MHz帯	1757.0	424.5	1061.0	93.4	433.0	430MHzからの計算値
29MHz帯	3090.7	746.4	1866.4	164.2	761.5	430MHzからの計算値

図4-4-1　各バンドのアストラルプレーンの寸法

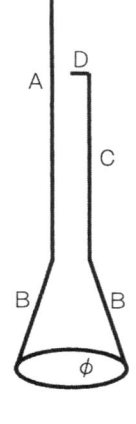

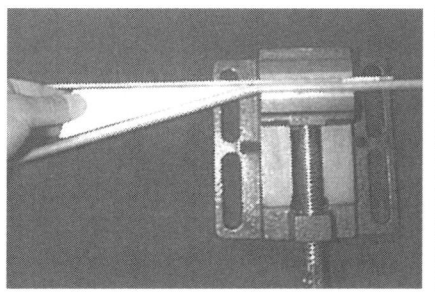

写真4-4-2　エレメントの曲げ方

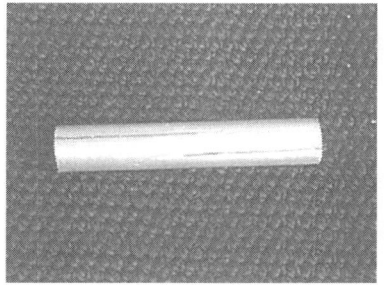

写真4-4-3　エレメント接続用スリーブ

写真4-4-4　29MHz用エレメントの固定

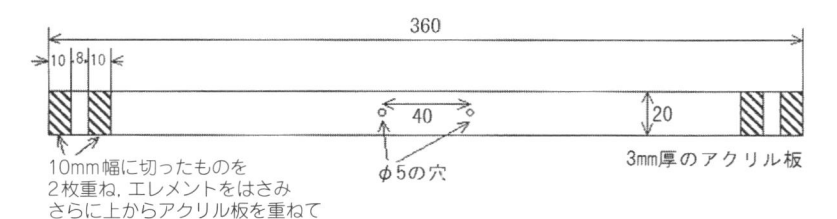

図4-4-2　29MHz用セパレータの寸法

10mm幅に切ったものを2枚重ね，エレメントをはさみさらに上からアクリル板を重ねてビス止め

3mm厚のアクリル板

　29MHzでは最も長いエレメント長が3.8m近くになり，2mの定尺のパイプでは長さが足りないため，途中でつないであります．

　つなぎ目は，9mm径，肉厚1mmのパイプを5cmに切ったものを，スリーブにしてつなぎました．このとき，9mm径のパイプの中に7mm径のパイプが入りませんでしたので，写真4-4-3のように鋸で切れ目を入れて差し込み，アルミ硬ロウ付けで固定してあります．

　下のリング部は厚さ2mm，幅10mm，長さ1mのアルミ板材を丸めて使っています．

　下のリング部分および直立しているエンメントとの接合部分は，ビス止めし，その上からアルミ硬ロウ付けしてあります．

　セパレータは厚さ3mmのアクリル板をカットして作りました（図4-4-2）．

　エレメントの固定は写真4-4-4のように溝を作り，アクリル板ではさんでビス止めしてあります．ポールとの固定は，テレビ・アンテナ用のUボルトで止めています．ポールは4mのステンレス物干し竿を利用し，高さを稼ぐために給電点は20cmほどポールより高くしています．

　同軸を初めはポールの中を通していたのですが，SWRが下がらなかったのでポールの外側を通しています．

　調整は例によってエレメントを切っていきますが，地上ではどうやってもSWR=1.5以下にできませんでした．半分あきらめて屋根に乗せたところ，29MHzFM帯ですべて1.4以下に下がりました．地面の影響が大きかったようです．

　セパレータをアクリル板で作ったことを後悔していたのですが，台風でも壊れずにいます．

4-5　同軸ケーブルを利用した 50MHzスリーブ・アンテナ
（1998.12）　　JA3PYH　岡田 邦夫

　ダイポールと違ってスリーブ・アンテナは，両端を支える必要がありません．1本のポールで支えることができます（写真4-5-1）．

　編組線の折り返し部（スリーブ）の構造は，ダイポールのシュペルトップと似ていますが，その長さと，短絡している場所が異なります．

　スリーブは1/4波長の長さに同軸ケーブルの編組線を折り返して作りますが，長さは同軸の短縮率をかけた長さではなく，1/4波長そのままです．アンテナの作り方を図4-5-1に示します．

写真4-5-1
スリーブ・アンテナの全景

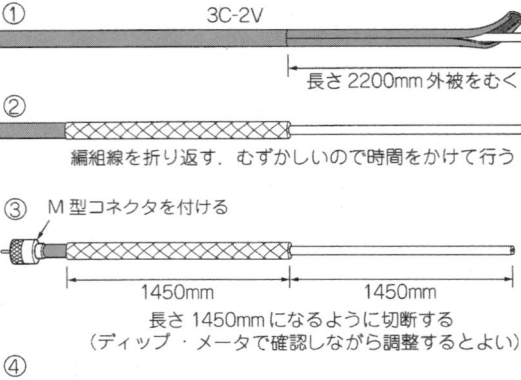

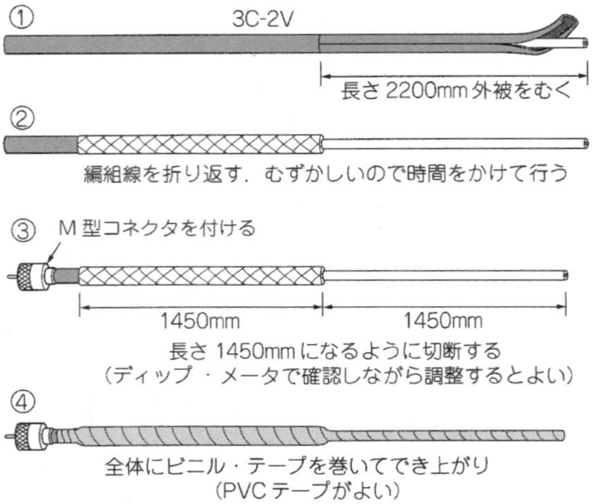

① 3C-2V
長さ 2200mm 外被をむく

② 編組線を折り返す．むずかしいので時間をかけて行う

③ M型コネクタを付ける
1450mm　1450mm
長さ 1450mm になるように切断する
（ディップ・メータで確認しながら調整するとよい）

図4-5-1
スリーブ・アンテナの給電部の詳細

④ 全体にビニル・テープを巻いてでき上がり
（PVCテープがよい）

写真4-5-2　同軸の折り返し点．ここが給電部となる

写真4-5-3　グラスファイバ・ポールに添わせた折り返し部．折り返した編組線部にビニル・テープを巻く

　同軸ケーブルの編組線を折り返してかぶせると，希望する長さより短くなってしまいます．今回は3D-2Vで作りましたが，折り返す部分は仕上がりの長さの1.4倍ぐらい必要です．**写真4-5-2**が折り返し部分のようすです．

　すなわち，仕上がりは，外被をむいた長さの約70％の長さになります．シュペルトップでも長さが70％になってしまいますので，余分に外被のビニルをむいておきます．

　アンテナ全体を作るには，3.7mくらいの長さが必要です．給電線を含めると5mくらい同軸ケーブルを用意する必要があります．

　スリーブ・アンテナを支えるには，サガ電子から売り出されているグラスファイバ製のポール（POL-4500）を使いました（**図4-5-2**，**写真4-5-3**）．固定局で架設するならポールの中にアンテナを入れるとよいでしょう．

　グラスファイバのポールは圧縮に弱いので，固定するときには工夫が必要です．一度ひびが入ると，

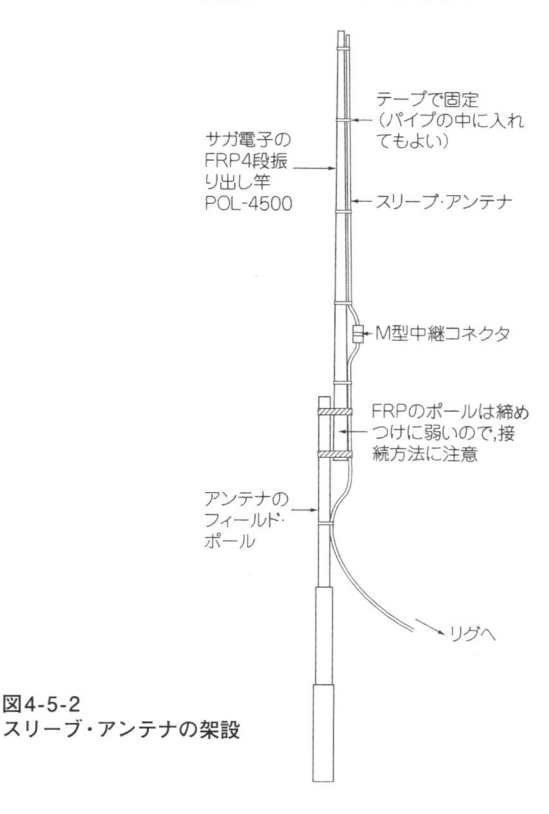

サガ電子のFRP4段振り出し竿 POL-4500

テープで固定（パイプの中に入れてもよい）

スリーブ・アンテナ

M型中継コネクタ

FRPのポールは締めつけに弱いので，接続方法に注意

アンテナのフィールド・ポール

リグへ

図4-5-2
スリーブ・アンテナの架設

補修はたいへんです．

　このスリーブ・アンテナを神戸市灘区の六甲山系で使用しました．アンテン（株）のフィールド・ポールの上にグラスファイバ・ポールをつぎ足して，給電点を7mくらいに上げて運用したところ，東は神奈川県の移動局，西は大分県の移動局と交信できました．

　この製作したスリーブ・アンテナと別掲のダイポールは，運用する場所と状況により使い分けています．21MHzや18MHzで運用する方も参考にしてください．応用法も図4-5-3に書いておきます．

　このアンテナを製作したおかげで移動運用に気楽にいけるようになりました．移動場所はだいたい六甲山系ですが，聞こえていましたらQSOをお願いします．

図4-5-3　21MHz，18MHzに応用する方法

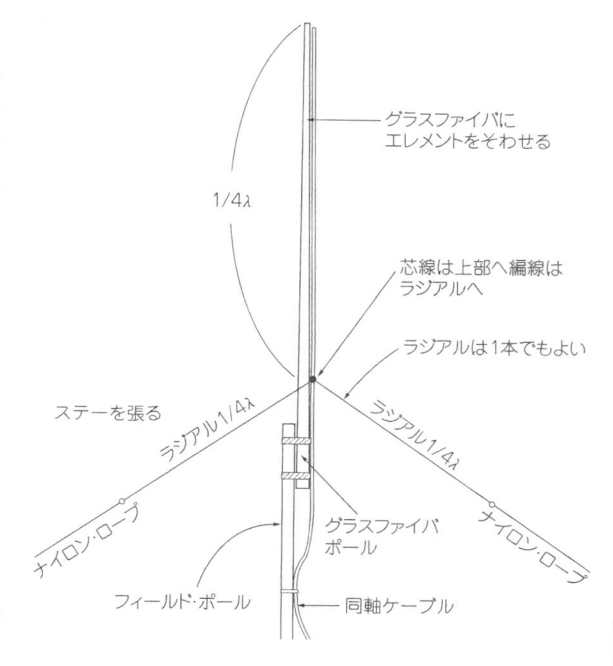

4-6　10MHz用エンドフェッド8JKアンテナの製作
雷なんかこわくない　打ち上げ角も小さなアンテナ
（1997.5）
JO1OSN　岡田 壽之

　私の住む所は，雷が名物で地上高の高いアンテナは精神衛生上好ましくありません．さりとて，打ち上げ角は小さくしたいし，できれば常にアースしておきたいと思うものです．

　こんな目的にかないそうな，フラットトップ・アンテナ（8JK）のエンドフェッド型を製作しましたので紹介します．

構造

　実際のデータが入手できず，試行錯誤の末，図4-6-1の寸法に落ち着きました．エレメントの寸法は，ハシゴ・フィーダ部を切り離した状態で，A点にディップ・メータを入れて，B点のひげの長さを調整しながら決めました（実はA点は，2階の屋根から届く）．ひげの長さは2カ所同時に同じ寸法を調整しました．

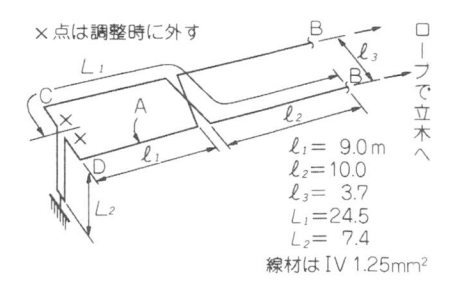

図4-6-1　8JKアンテナの構造

写真4-6-1　ハシゴ・フィーダを下から見る

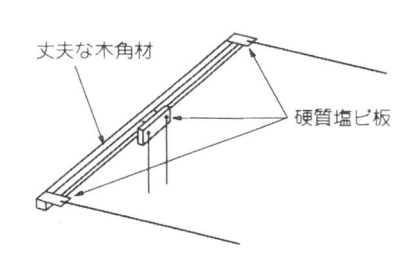

図4-6-2 図4-6-1のC-D間の詳細 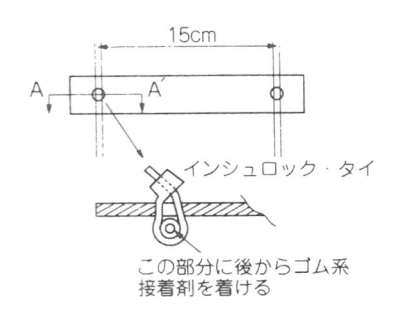　　図4-6-3 インシュレータ部の詳細 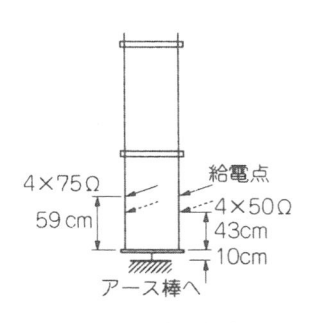　　図4-6-4 給電点を探す

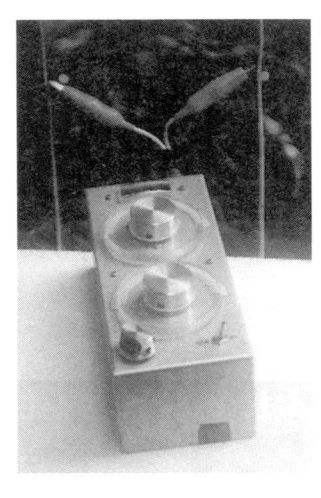

写真4-6-2 IV線にマチ針を刺し給電点を探す

写真4-6-3 シングル・セクション型8JKの給電部

写真4-6-4 アミドンのコア1:4バランは2セクション型の8JK

片側のエレメントの全長（反転部も含む）L_1が1λ×0.82〜0.83になっているようです．反転部は後で説明するハシゴ・フィーダと同じもので長さ3.7mです．

製作

C，D間は丈夫な木材に硬質塩ビ板のインシュレータを取り付け，ここにIV線をはわせています（図4-6-2）．

ハシゴ・フィーダ部は，1/4波長の長さのものを用意し，垂直にした状態で上端を開放し，最下部に入れたジャンパ線にディップ・メータを挿入してフィーダの寸法を決めました．

フィーダのインシュレータには硬質塩化ビニル板を使っています．図4-6-3のように15cm間隔に穴をあけインシュロックで止めます．緩み止めにゴム系の接着剤を後から着けておきます．インシュレータのピッチは，約1mとしました．垂直方向に張力をかけた状態で使いますのでこれで十分です．

次に，フィーダ上の給電点を探します．エレメントとフィーダをつなぎ，フィーダの最下部の中央部をアースします．また，上下に張力をかけフィーダをピ

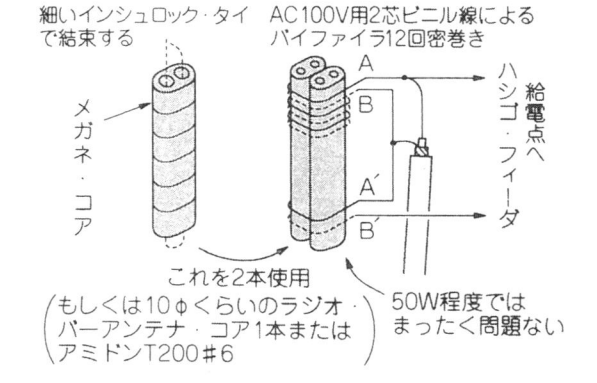

図4-6-5 1:4バランの作り方

ンと張っておきます．私の場合，材料にIV線を使っているので，被覆を通して針を刺し，これにインピーダンス計をつないで300Ωの点を見つけました．最下部より約59cm上がったところでした．1:4のバランを介して75Ωの同軸で給電しています．50Ωの同軸の場合は約43cmの所にしてください（図4-6-4）．

ここで，希望の周波数でインピーダンス計のメータがきれいにディップするように，ひげを再調整し

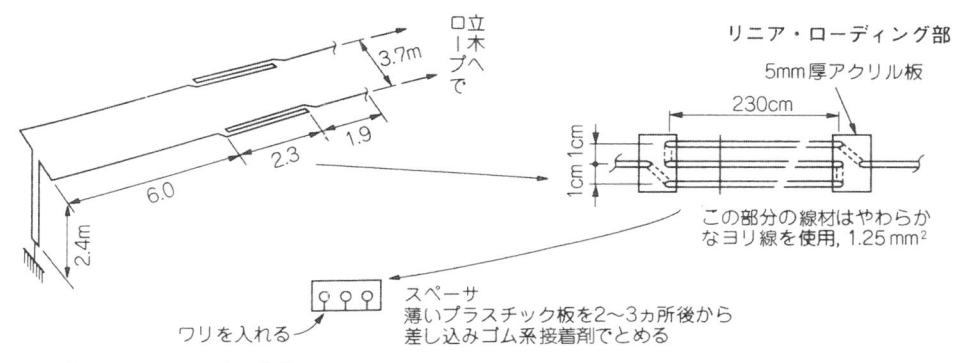

図4-6-6 シングル・セクション型の構造

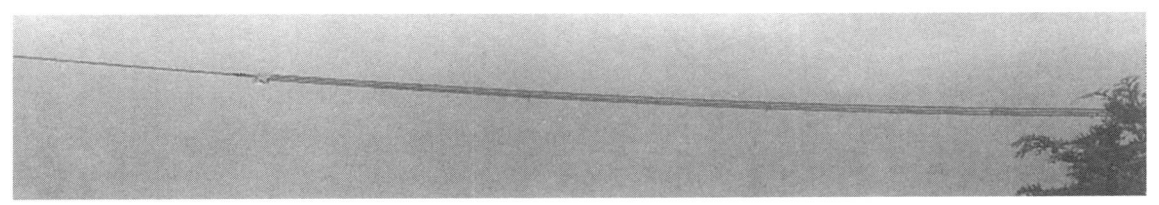

写真4-6-5 シングル・セクション型8JKのリニア・ローディング部

写真4-6-6 2セクション型8JKの全容

て完成です.

参考までに，1:4のバランの作り方を図4-6-5に示します．ラジオのバー・アンテナのコア，またはTVのメガネ・コアを使ってもOKです．アミドンのコアならばもちろん使えます．

このアンテナを用いてからは，ビッグ・アンテナのOMさん方の相手のDX局も聞こえるようになりました．パワーの吸い込みも良好です．雷の嫌いな方，高いアンテナの嫌な方，お試しください．

このアンテナが長すぎて建てられない方は，エレメントをシングル・セクションとし，リニア・ローディングを入れたものが参考になると思います．実際に製作した寸法を図4-6-6に示しておきます．ひげの長さは各自調整してください．

リニア・ローディング部は，地上高の影響を受けやすいようです．少なくとも，2階の床の高さまで上げてから予備調整しないと，目的の周波数から大きく離れてしまいます．

いずれのアンテナも地上高が約7～8mです．接地もされており自宅から離れているときに雷がおきても一応安心していられます．

《参考文献》
- 角居洋司, 吉村裕光：アンテナ・ハンドブック, CQ出版社.
- CQ ham radio編集部：ワイヤーアンテナ, CQ出版社.
- HF ANTENNAS, G6XN RSGB.

4-7 1.9/3.5MHz用短縮バーチカル・アンテナの製作

実際の運用でも活躍中
（2000.8）

JQ1SYQ　西野 正雄

1.9/3.5MHz用短縮バーチカル・アンテナを製作しましたが，思ったより結果が良かったので紹介します．このアンテナの特徴は次のとおりです．
① 全長10mで1.9MHzおよび3.5MHzの運用が可能
② 整合回路をコイルのみとしているため大容量バリコンなど特殊な部品が不要
③ 垂直型のため敷地が狭くても建設可能

なお，このアンテナの概略は図4-7-1のとおりです．周波数の切り替えはタッパウェアに入れた整合回路を交換して行います．製作に入る前の準備として，表4-7-1の測定器や材料を準備してください．

支柱をどうするか

私の場合は3階の窓から釣竿を出すことによって地上高約10mとしています．この釣竿に各バンドごとのアンテナを付け替えてオール・バンドに出るため，今回のアンテナも交換が容易な構造になっています．

新規に建柱する場合は木柱または竹などを使用し，なるべく高く上げてください．なお調整のため頻繁に上げ下ろしをするので上部に滑車とロープをつけておくと便利です．

支柱には絶縁体を使用してください．もし鉄パイプなどを使用する場合はアンテナを斜めにし，支柱からなるべく遠ざけています．

アース工事

準備したアース棒を適当に打ち込んで太い銅線で接続します．プロの世界では1×1mの銅板と長さ1.4m，太さ14mmのアース棒4本を使用してA種アースを取るとのことですが，なかなかこのようなことはできません．できることからやってみてください．

短期の使用であれは缶詰の空き缶を10～20個程度を，銅線でつないだものでも代用可能です．

アパマン・ハムの方はベランダが良いアースになります．以前，沖縄でアパートの5階から運用していたときは，本アンテナと同様の構造で3.5MHzに出ていましたが，全長6mで十分実用になりました．

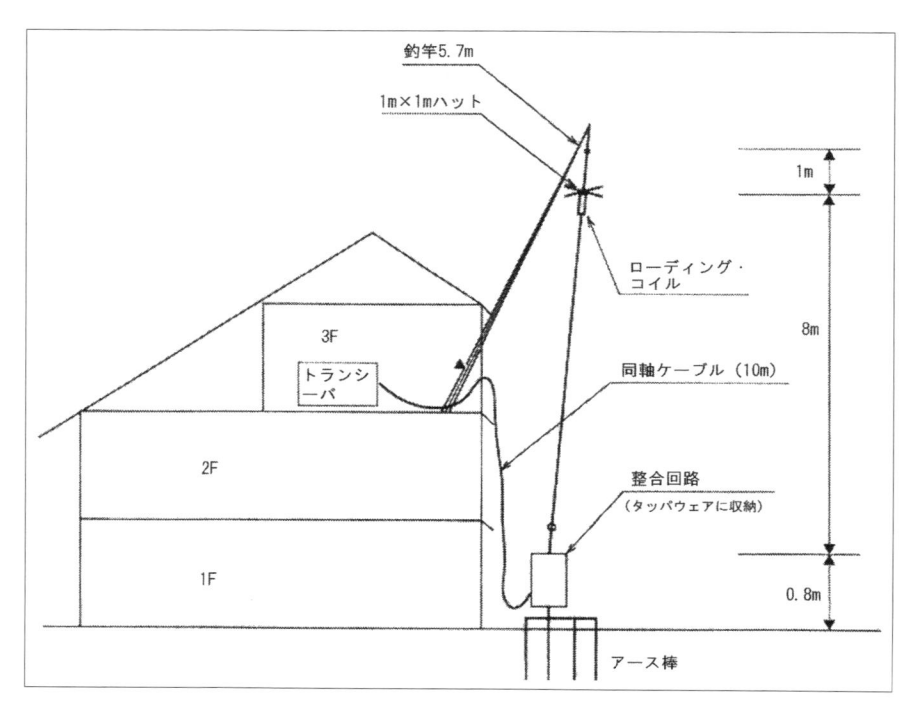

図4-7-1 アンテナの設置状態

表4-7-1　必要な測定器と主要な材料

●グリッド・ディップ・メータ	必ず必要．ローカルから借用するか簡単な回路なので自作してもFB．
●SWR計	トランシーバのSWRメータでOK．インピーダンス・メータ：なくとも可能．私は途中からローカル局のものを借用したが，調整がかなり楽になる．この記事においてはインピーダンス・メータがないものとして説明ている．
●アンテナ用ビニル線	手持ちの耐熱ビニル線（0.17mm×12本撚り）を使用したがACコードを裂いたものでもOK．なるべく太いものがFB．
●整合回路用ビニル線	上記同様耐熱ビニル線を使用．導体の直径が0.8mm〜1mm程度のものであればOK．この部分は巻き数を細かく調整するので，エナメル線を使用するとカットした後の処理に時間がかかり少々面倒．
●ローディング・コイル用エナメル線	0.8mmのエナメル線を使用．太い線材がFB．また細いビニル線でも代用できるが巻き数が多いためコイル・ボビンの長さがかなり長くなってしまう．
●コイル巻枠用アクリル・パイプ	φ35mm長さ14cm×1本，φ15mm長さ20cm×1本．アクリル・パイプが入手できないときは水道用塩ビ・パイプでも使用可．太さも上記にかかわらずなるべく太いものを．
●トロイダル・コア	T200×1個．1.9MHzの整合回路に使用する．コイルの巻き数を減らすために手持ちのものを使った．入手がむずかしいかもしれない．入手難の場合は35mmのアクリル・パイプにコイルを巻いても可能．ただしコイルの巻き数が200回以上必要になる．トロイダル・コアを使用した場合は磁気飽和の関係であまり送信電力を大きくできず，せいぜい50Wである．これ以上の電力で使う場合は3.5MHzと同様，空芯コイルとする．
●ハット用スチール巻尺	2mのものを2本に切って使用．私の場合はQRVのたびにアンテナを上げ下ろしするためハット部分を折り曲げる必要があり，このような構造になった．固定で使用する場合は銅パイプなどを使い，しっかりした構造にすべき．ハットの構造もなるべく大きいほうがよい．
●アース棒	8mm径，長さ1mのアース棒を入手する．ホームセンターでも扱っている．10本以上必要．
●そのほかの部品	少々

アンテナの製作

図4-7-2に示す寸法でアンテナ・エレメントおよびコイルを製作します．

図4-7-2および写真4-7-1を見ていただければ大体のことはわかるかと思いますので，細かい説明は省略させていただきます．コイルの巻き数はこの数字よりも1割から2割多めに巻き，調整段階で巻き数を減らします．支柱が高く上げられる方はアンテナ・エレメントを長くできます．この場合にはコイルの巻き数が少なくなり効率がよくなります．

またエレメントがこの寸法より短い場合はコイルの巻き数を増やしてください．巻き数の目安はアンテナ・エレメントの長さとハット部分の長さおよびコイルに巻いた銅線の長さの合計が，波長の1/4になっていれば，まず間違いありません（3.5MHzにおいて約20m）．

ただし3.5MHzにおいてアンテナ・エレメントの長さが6m以上となるようにしてください．この長さ以下になりますと，相当不安定となり風が吹いただけでもSWRが変化します．ワイヤ構造では役に立ちません．鉄パイプなどしっかりした構造であれば大丈夫かと思いますが，工作がたいへんになります．

整合回路はタッパウェアに収納します（写真4-7-

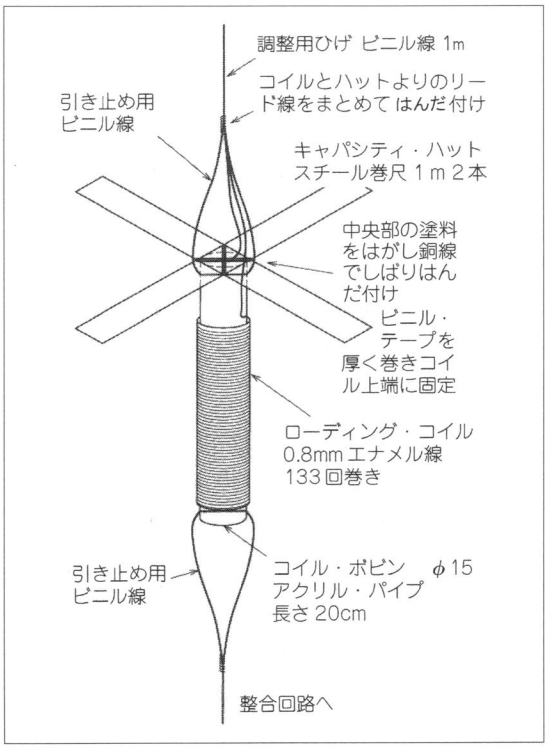

図4-7-2　ローディング・コイルおよびハット部の詳細

2）．周波数を切り替えるとき，整合回路を交換するため，整合回路は固定しません．フタを閉めるだけ

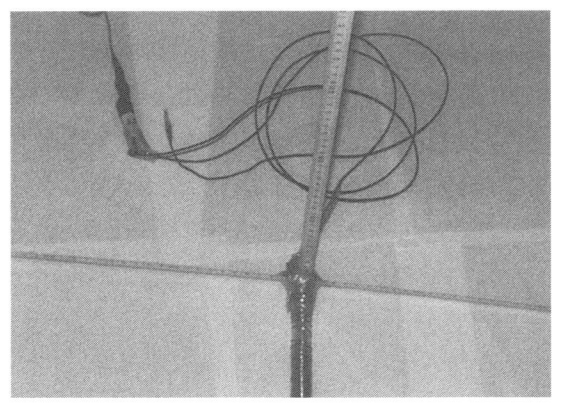

写真4-7-1 コイル，ハット部のようす

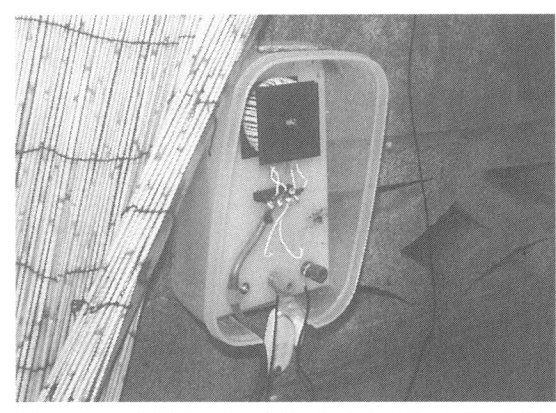

写真4-7-2 収納ボックスを設置した1.9MHz用整合回路

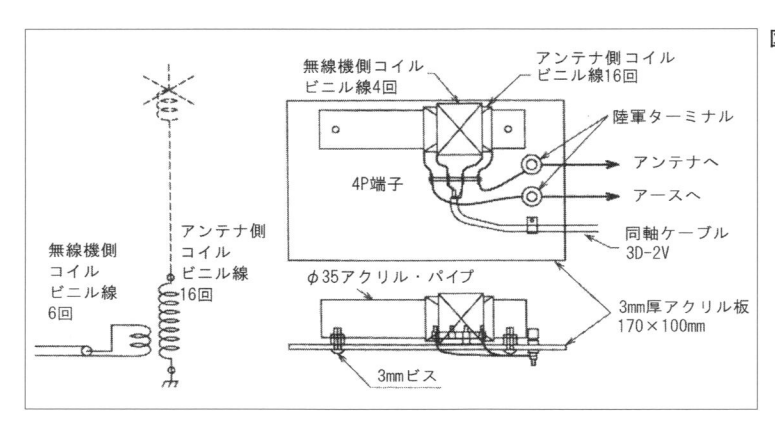

図4-7-3 3.5MHz用整合回路

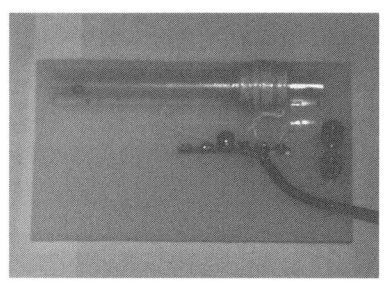

写真4-7-3 3.5MHz用の整合回路

で十分に保持されます．

　タッパウェアの下は通線口を兼ねた水抜き穴をあけておきます．タッパウェアはカール・プラグでブロック塀に固定しました．ブロック程度ですと普通の電気ドリルにコンクリート用ドリルの刃を取り付けても穴あけができます．カール・プラグとコンクリート用ドリルはホームセンターで入手できます．詳細は写真を参考にしてください．

調整

　短縮アンテナは再現性に乏しいため製作した後の調整が重要となります．調整にはかなりの根気が必要ですし，場合によっては2，3回作り直すぐらいの覚悟をしてください．

● ローディング・コイルの調整

　製作が終わりましたら，整合回路部分を取りはずし，アンテナ・エレメントを直接アースに接続し支柱に取り付けます．この状態で根元部分にディップ・メータを結合し共振周波数を測定します．

　共振周波数が3.6〜4MHzの間に入っていれば問題ありません．もし4MHzより高い場合は，ローディング・コイルの巻き数を多くして再製作してください．増やす巻き数は1巻き当たり25kHzが目安です．3.6MHzよりも共振周波数が低い場合はアンテナをいったん降ろし，ローディング・コイルの巻き数を減らします．この場合も1巻き当たり25kHzが目安となります．

　周囲の条件によってはこの値は違ったものとなりますので，1回コイルを減らした状態で共振周波数を測定し，周波数変化量を測定しておくと以後の調整が楽になります．共振周波数は整合回路を取り付けるとかなり下がるため，この段階では共振周波数を3.6MHz程度にとどめます．

● 3.5MHz用整合回路の調整

　アンテナに3.5MHzの整合回路（**写真4-7-3**，**図4-7-3**）を取り付けて実際の状態に設置します．このとき，無線機側の同軸ケーブルは取りはずし，代わりに50Ωの抵抗を取り付けておきます．

　この状態でディップ・メータにより共振周波数を測定します．ほぼ3.3MHz程度になっているはずで

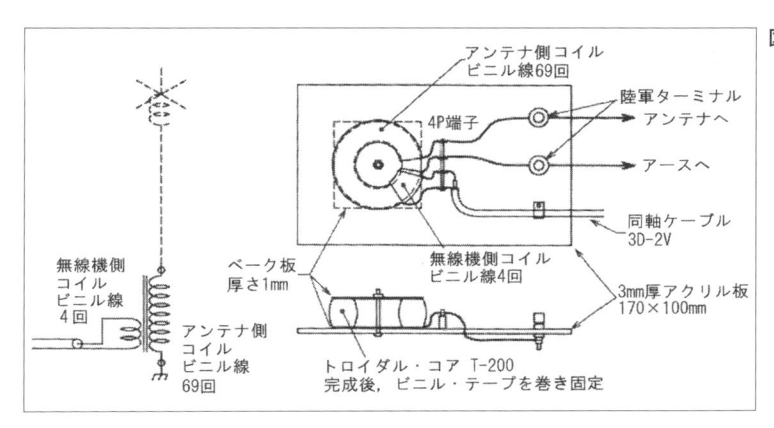

図4-7-4　1.9MHz用整合回路

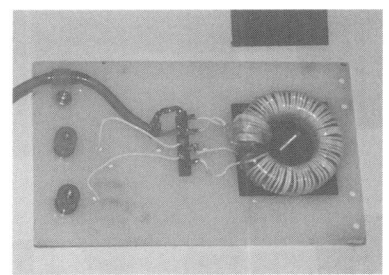

写真4-7-4　1.9MHz用の整合回路

すが，3.5MHzより高い場合は整合回路のコイルの巻き数を増やして再製作してください．

この状態で共振周波数が3.45MHzになるように，整合回路アンテナ側のコイルの巻き数を減らして調整します．次に同軸ケーブルと無線機を取り付け実際に電波を出してSWRを測定します．

SWRは3以上になっているかもしれません．次に整合回路の無線機側コイルを1回ずつ減らしていきます．SWRが徐々に低下していき，ある回数以下になると増加し始めます．

この最低SWRの巻き数で再度，無線機側コイルを巻き直します．このときのSWRはうまくいけば1.5以下となり，とりあえず電波が出せる状態になります．

● 3.5MHz最終調整

微調整は目的の周波数でSWRが最小となるように先端のひげを少しずつ切っていきます．1cmあたり15kHz程度上昇します．切り過ぎた場合は長いひげを再度取り付け再調整します．私の場合はCW運用が多いためSWR最小点を3.520MHzで1.1としました．この場合3.575MHzでのSWRは1.7となり，なんとか使える範囲ではありました．

SSB主体で運用する場合は3.55MHzに合わせれば，バンド内での運用は可能となります．

● 1.9MHz整合回路の調整

1.9MHz整合回路（写真4-7-4，図4-7-4）を取り付けディップ・メータで共振周波数を測定します．

このとき3.5MHzと同様，同軸ケーブルは取りはずし50Ωの抵抗を取り付けておきます．この状態で1.905MHzに共振するように1次側コイルを1回ずつ減らしていきます．もし1.905MHzぴったりに合わないときは，なるべく近い上の周波数に合わせます．

次に同軸ケーブルと無線機を接続し3.5MHzのときと同じように2次コイルを調整し1.910MHzにおいてSWRの最小点を探します．SWRが1.5以下になったら調整を終了します．

この時点で微調整のために先端のひげを切ると，今度は3.5MHzの共振点が大幅に変化してしまいます．1.9MHzを主体に運用する場合はこの状態でひげにより微調整を行い，3.5MHzは整合回路のコイル巻き数のみで調整します．

運用結果

JA9コンテストに3.5MHz CWで参加しましたが，聞こえる局とはすべてQSOできました．気をよくして厚かましくもWWにも3.5MHz CWで参加したところ，Wをはじめ8カントリとQSOできました．国内では3.5MHz CWのWAJAが完成しました．

1.9MHzはとりあえず出られれば良いという感じでしたが，沖縄を除き全エリアと交信できました．

最後に，このアンテナはまだ試作段階であり，かなり工夫の余地があります．特にローディング・コイルはもっと大口径のコイルとするべきです．ただこのように大きなコイル・ボビンは最近は手に入りません．現在，アクリル板とアクリル・パイプを使ってボビンを製作中です．

Column M型コネクタのはんだ付け〔後編〕

（p.100からの続き☞）

ここから，作業にコツが必要になります．最初は作業をする力加減が難しいかもしれませんが，徐々に慣れていきましょう．

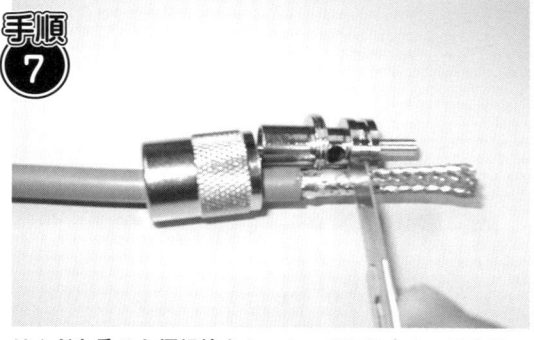

手順 7
はんだを乗せた編組線をカッターで取り去る．目安はM型コネクタ本体を切り取る部分に寄せて，はんだ上げをする本体の丸穴の少し上くらいにする．編組線のはんだ部分の切り込みは，カッターにあまり力を入れると内部の絶縁体まで切ってしまうので力の加減に注意する．

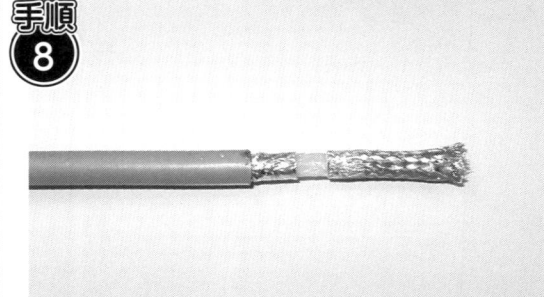

手順 8
カッターで切りこみを入れた編組線部分を取り去る．切り込みを入れた部分をラジオ・ペンチでつかみ，こじるようにすると編組線がきれいに切れる

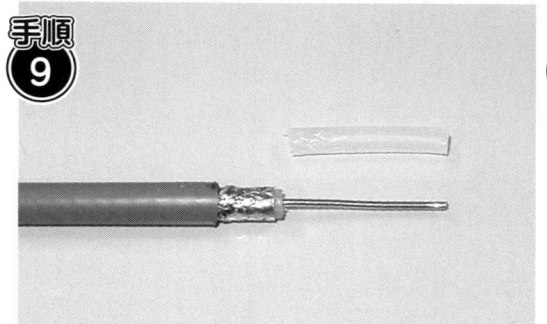

手順 9
中心導体の絶縁体を編組線の3mmくらい上で取り去る．これも力の加減に注意しないと，中心導体も切ってしまう．

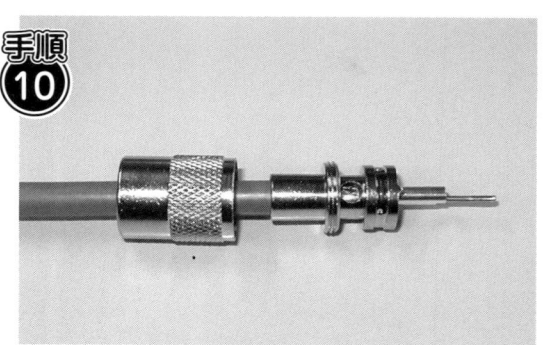

手順 10
M型コネクタ本体を加工した同軸部分に差し込んではんだ付けする

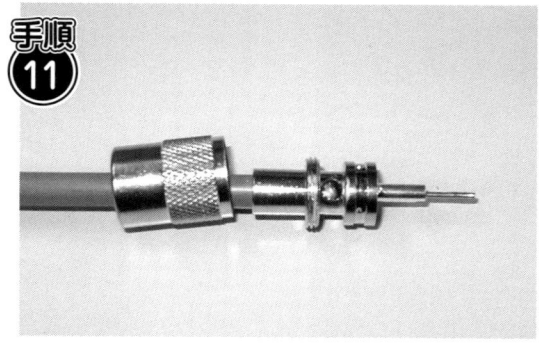

手順 11
ここの編組線をはんだ付けする丸穴部分のはんだ付けにははんだゴテを最大限に加熱して，素早く行う．時間がかかると芯線の絶縁体が変形して，ショートする

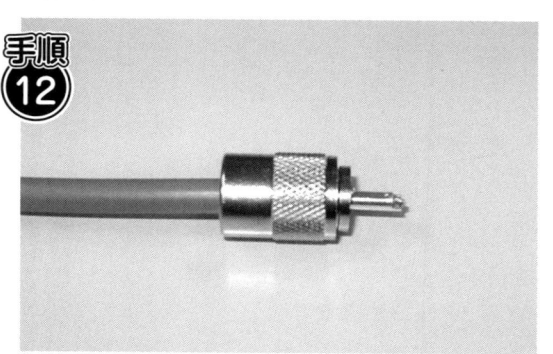

手順 12
中心導体を先端部分ではんだ付けして作業終了

索 引

数字・アルファベット

½波長ダイポール	11
300Ωリボン・フィーダ	79
MMANA	89
MMPC WIN	58
Qマッチ	44
Qマッチ・セクション	47
Tマッチ	98
W1JRタイプ	91

あ・ア行

アパマン・ハム	20
アンテナ・アナライザ	67
アンテナ・チューナ	22
インシュレータ	112

か・カ行

カウンターポイズ	34
ガンマ・マッチ	64, 75

さ・サ行

シュペルトップ	109

た・タ行

ディップ・メータ	107
トロイダル・コア	70

は・ハ行

バーチカル・アンテナ	9, 114
パーフェクトクワッド	71
バラン	8
フォールデッド	95
不平衡	8
放射パターン	8

ま・マ行

マッチング・コイル	104
マッチング・トランス	37
マッチング・ボックス	38

や・ヤ行

容量環（ハット）	15

ら・ラ行

リニア・バラン	69
リニア・ローディング	72
ローディング・コイル	18

- ●**本書記載の社名，製品名について** ── 本書に記載されている社名および製品名は，一般に開発メーカの登録商標です．なお，本文中では™，®，©の各表示を明記していません．
- ●**本書掲載記事の利用についてのご注意** ── 本書掲載記事は著作権法により保護され，また産業財産権が確立されている場合があります．したがって，記事として掲載された技術情報をもとに製品化をするには，著作権者および産業財産権者の許可が必要です．また，掲載された技術情報を利用することにより発生した損害などに関して，CQ出版社および著作権者ならびに産業財産権者は責任を負いかねますのでご了承ください．
- ●**本書に関するご質問について** ── 文章，数式などの記述上の不明点についてのご質問は，必ず往復はがきか返信用封筒を同封した封書でお願いいたします．ご質問は著者に回送し直接回答していただきますので，多少時間がかかります．また，本書の記載範囲を越えるご質問には応じられませんので，ご了承ください．
- ●**本書の複製等について** ── 本書のコピー，スキャン，デジタル化等の無断複製は著作権法上での例外を除き禁じられています．本書を代行業者等の第三者に依頼してスキャンやデジタル化することは，たとえ個人や家庭内の利用でも認められておりません．

JCOPY 〈出版者著作権管理機構委託出版物〉
本書の全部または一部を無断で複写複製(コピー)することは，著作権法上での例外を除き，禁じられています．本書からの複製を希望される場合は，出版者著作権管理機構(TEL：03-5244-5088)にご連絡ください．

作りたくなるアンテナがここにある

アマチュア無線のアンテナを作る本
［HF/50MHz 編］

2013年4月1日　初版発行
2022年1月1日　第3版発行

©CQ出版株式会社　2013
（無断転載を禁じます）

CQ ham radio 編集部 編

発行人　小澤 拓治

発行所　CQ出版株式会社

〒112-8619　東京都文京区千石4-29-14
電話　編集 03-5395-2149
　　　販売 03-5395-2141
振替　00100-7-10665

乱丁，落丁本はお取り替えします
定価はカバーに表示してあります

ISBN978-4-7898-1647-2
Printed in Japan

デザイン・DTP　近藤企画
印刷・製本　三晃印刷㈱